水文地质学概念对比

主 编 吴 勇

科学出版社

北 京

内 容 简 介

　　本书力求系统提供正确的水文地质学概念，按照中文语言对概念的释义严格规范定义。本书内容包括基础地质、水文地质基础概念群、地下水动力学概念群、水化学-水文地球化学概念群、同位素概念群、地下水与环境概念群、地下水资源概念群、地下热水资源概念群、工程类概念群、技术方法概念群、参数概念群、预测评价类概念群、模型模式概念群、数理概念群和图形概念群。本书编写时力求语言简练易懂，尽量避免语义含糊，以适合较为广泛的人群自学与参考之用。

　　本书可供地质资源与地质工程、水利工程、市政与道路、生态与环境和农业等涉及的地下空间规划与开发、生态环保产业与现代农业和高等院校有关专业的科研与教育工作者和学生参考。

图书在版编目（CIP）数据

水文地质学概念对比 / 吴勇主编. —北京：科学出版社，2023.6

ISBN 978-7-03-075629-9

Ⅰ. ①水… Ⅱ. ①吴… Ⅲ. ①水文地质学－研究 Ⅳ. ①P641

中国国家版本馆 CIP 数据核字（2023）第 097035 号

责任编辑：郑述方 / 责任校对：王　瑞
责任印制：罗　科 / 封面设计：墨创文化

科 学 出 版 社 出版
北京东黄城根北街 16 号
邮政编码：100717
http://www.sciencep.com

成都锦瑞印刷有限责任公司 印刷

科学出版社发行　各地新华书店经销

＊

2023 年 6 月第 一 版　开本：787×1092　1/16
2023 年 6 月第一次印刷　印张：11 3/4
字数：280 000

定价：148.00 元

（如有印装质量问题，我社负责调换）

前　　言

我国长江流域的河姆渡井，以及古埃及、波斯、我国新疆等地的坎儿井系统是人类从古至今利用地下水的重要见证，人类对地下水的认知可能更久远。在漫长的时间长河中，人类饮水或利用地球资源，并伴随对地球表面的认识和地质学的发展，形成了一门研究地下水的学科——水文地质学。在开发地质资源的一个又一个热潮中，形成了水文地质学科体系，凝练了一个又一个概念，为后继者留住了可以参考的资料和数据。在一个数字信息时代，清晰的概念是一种可传世的正能量。从理论上讲，人人都能准确地理解一门学科中的概念并不容易，更何况概念是与时俱进的，或者我们根本没有时间去厘清这些概念，这也是问题的关键所在。

在全球气候变化和生态恶化的双重背景下，水资源与水安全问题成为人类当前面临的重大挑战，要把握水学科领域的变化并且综观水文地质学概念的全局，其实是一种相当奢侈的想法。本书希望着眼于一些水文地质学基本概念，这些概念不是告诉读者简单的答案，而是希望引发进一步的思考，协助读者参与到我们这个时代对一些概念的理解与概念发展的争鸣中来。本书中一些概念的释义属个人的观点，由于作者自身的不足可能带来某些特殊影响，希望读者不带任何偏见提出不同观点和想法，并为本书的日臻完善提供帮助。

本书中概念的语义表达其实是作者在三十余年的教学研究过程中思考形成的。作者在翻阅与水有关的书籍时，对每一个概念的内涵和外延进行思考，往往发现许多概念或多或少有错漏；不断有新的概念涌出，这些概念是必要的还是随意创造的？我们该如何应对？自 2018 年以来，作者组织硕士、博士研究生数十人，在野外考察的基础上，针对数十余本书籍中的水文地质学概念进行了深入研习和梳理，尽可能以简洁的表达方式阐释相关概念。最终在 2022 年汇成《水文地质学概念对比》一书。

概念以继承、融合、对比、创新与发展思维为先导，博采众家之长。有些概念是在教学和学术交流中形成的，曾以各种形式听取意见、打磨要点。虽然本书着眼全面，但并未忽视个人层面的短板。本书词条释义以文献之意为基础，融入更多新理念、新思想，体现新成就，同时也列出参考书目方便读者参阅。英文部分是为了便于读者对外来术语的理解，避免因译名不同引发歧义设计的，主要参考英汉地质词典、英文文献及专著，部分根据作者国外工作经验进行校注。

本书共编写收入词条 1136 条，28 万余字。总参考词条共 1947 条，选自《水文地质学基础》、《水文地质学术语》、《地球科学大辞典：应用科学卷》、《地质大辞典》和《数学手册》等 24 本书籍。其中《数学手册》30 条，《水文地质学》（沈照礼）192 条，《地质辞典》399 条，《水文地质术语》335 条，《地球科学大辞典：应用科学卷》11 条，《地质大辞典》456 条，《专门水文地质学（第三版）》（曹剑峰）15 条，《基坑降水手册》35

条，《地下水污染与防治》（王焰新）78 条，《地下水动力学（第三版）》（薛禹群）88 条，《水文地质基础（第六版）》（张人权）95 条，《水文地球化学（第二版）》（钱会）80 条，《水文地质手册（第二版）》14 条，《普通地质学（第二版）》（陶晓风）25 条，《专门水文地质学（第四版）》（梁秀娟）15 条，其他参考书籍共 79 条。

本书词条初步归纳为 14 个概念群。分别为：基础地质-水文地质概念群、地下水动力学概念群、水化学-水文地球化学概念群、同位素概念群、地下水与环境概念群、地下水资源概念群、地下热水资源概念群、工程类概念群、技术方法概念群、参数概念群、预测评价类概念群、模型模式概念群、数理概念群和图形概念群。

一缕阳光透过龙泉山缝隙落入校园，一切顿时融入彩虹里。谢谢多年来关心理解并给予帮助支持的师生和朋友们。感谢成都理工大学地质灾害防治与地质环境保护国家重点实验室的大力支持。本书涉及概念收集整理贡献者有：高东东、李洪涛、李雪菱、任帮政、唐学芳、刘琴、马鑫文、吴政昊、冷洋洋、邓东平、黄凤、胡汪婷、荣欣萍、李雨芮、李仁海、张家文、周浩、卢铁文、李杉、张启蒙、钟雨龙、林江宇、竹娜，在此表示感谢。限于团队的经验，难免存在一些疏漏，请各位读者批评指正。

作　者

2022 年 9 月

目　录

凡　例

1、本书所列 1136 条概念（词目），力求包含水文地质学各个方面。收录范围为水文地质学科中常见、常用和新的概念（名词），基本包含了自 19 世纪 70 年代以来，水文地质专业中相关的教材、辞典及标准规范等参考文献。

2、本书所列概念参考了一个或多个参考文献，用 1）2）3）…标注，顺序按照时间排列，便于读者对不同解释进行对比和理解。

3、本书对多数概念进行了新的表达或说明，且与已出版的相关文献有所不同。

4、书中未注明参考文献的概念系本书所撰写；未重新注释的概念，其解释与所出自的参考文献力求保持一致。

5、书中所列词目，除完整注释以外，在词目后附英文名词或词组，有多个英文名词的用分号隔开。

6、为了便于读者按汉语拼音或学科内容查找名词，本书前面附有"词目首字母音序"，后面附有"词目概念群分类索引表"。

7、一词目可能在两个或两个以上概念群中出现。

8、书中正文第一列为编号，第二列为概念，第三列为归类，第四列为概念英文，第五列为术语，第六列为定义。

词目首字母音序

A

1	安全水头	工程类	safety water head	安全水头 safety water head	指工程中不会造成隔水顶底板破坏突水的相邻含水层地下水测压水头。
				1)	不致造成隔水顶底板突水的承压水水头最大值[1]。
2	氨化作用	水化学-水文地球化学	ammoniation	氨化作用 ammoniation	指环境中含有氮元素的组分经化学作用或微生物分解转变为 NH_3 或 NH_4^+ 的过程及结果。
				1)	有机氮经微生物分解转变为 NH_4^+，这种转变称为氨化作用（或矿化作用）；在有硝化细菌存在的情况下，NH_4^+ 进一步转化为 NO_3^-，这一转变称为硝化作用[2]。
3	暗河	水文地质基础	underground river	暗河 underground river	又称地下河。地下岩层孔缝中具有河流主要特性的水流。一般指发育在岩溶地区的地下河。
				1)	指在岩溶地下通道中具有河流主要特性的水流[3]。
				2)	指在岩溶发育地区没入地表以下沿地下溶洞和裂隙而流的河流[1]。
4	暗河充水系数（充水系数）	参数	coefficient of underground river flooding of mine	暗河充水系数（充水系数）coefficient of underground river flooding of mine	又称充水系数。指单位时间暗河流进矿坑流量与暗河总流量之比，无量纲。
				1)	暗河灌入矿坑流量与暗河流量之比[4]。
5	暗河断面截流法	技术方法	method of flow interception from across-section of underground river	暗河断面截流法 method of flow interception from across-section of underground river	指根据暗河出口流量来获取岩溶地下水的径流模数，并以此估算该暗河流域面积内地下水资源量的方法。
				1)	在岩溶水主要以管道流形式分布地区，选取与区域地下水流向垂直的截流计算断面，用水文测流法或抽水方法直接确定出通过该断面的各条暗河流量，其暗河流量的总和即为区域岩溶水天然资源[4]。

B

6	白云岩	基础地质	dolomite	白云岩 dolomite	指白云石含量大于75%的碳酸盐岩。
				1)	一种以白云石为主要组分的碳酸盐岩。常混入方解石、黏土矿物、石膏等杂质[1]。
7	半承压含水层	水文地质基础	semi-confined aquifer	半承压含水层 semi-confined aquifer	又称局部承压含水层或越流含水层。指在受压时，地下水可部分穿过并传递部分水压的饱水岩层。
				1)	承压含水层的上、下岩层并不是绝对隔水的，其中一个或者两个可能是弱透水层。虽然含水层会通过弱透水层和相邻含水层发生水力联系，但它还是承压的[5]。
				2)	当承压含水层的顶底板岩层或其中之一为半透水层（即弱透水层）时，承压含水层就成为不完全承压的水层，称半承压水层[1,3]。

序号	术语	类别	英文	中英	释义
8	半无限含水层	水文地质基础	semi-infinite aquifer	半无限含水层 semi-infinite aquifer	指单井或井群抽水时，能形成不对称降落漏斗的含水层。即某一方向含水层尖灭或已到达隔水边界。
				1)	抽水时，抽水井或井群的降落漏斗某一方向受到含水层实际形成对称漏斗边界（补给边界或隔水边界）的限制不能继续向外扩展的含水层[1,3]。
9	傍河取水方法	技术方法	riverside pumping method	傍河取水方法 riverside pumping method	指既可取含水层中的水，又能获取经河床渗透到含水层的地表水的一种取水方法。
10	包含	数理	inclusion	包含 inclusion	当事件 B 发生时，事件 A 也一定发生，则称 A 包含 B 或 B 含于 A 中，记作 $B \subset A$，或 $A \supset B$。
				1)	
11	包气带水	水文地质基础	water of aerated zone	包气带水 water of aerated zone	指赋存包气带中的水的总称。
				1)	地表面与潜水面之间的地带称为包气带，或非饱和带[1,3]。
12	薄膜模拟	技术方法	membrane analog	薄膜模拟 membrane analog	指用薄膜模拟一种稳定流动方式的含水层边界分布的过程及结果。
				1)	利用孔隙介质中水的渗流与受微小荷重薄膜的挠曲间的相似性，在按照边界水头分布固定周边的薄膜模型上模拟含水层中的稳定渗流[1,3]。
13	薄膜水	水文地质基础	pellicular water	薄膜水 pellicular water	指岩土体颗粒表面吸着水与自由水之间的那一层能承受一定剪切力的水。
				1)	又称弱结合水，它处于吸着水之外，占着结合水膜的主要部分，因与颗粒表面距离增大，吸引力比吸着水小，因此它的密度比吸着水小，而比普通液态水大，为 $1.3 \sim 1.74 \mathrm{g/cm^3}$[1,3]。
14	饱和度	参数	degree of saturation	饱和度 degree of saturation	又称含水饱和度。指岩石孔隙中水的体积与孔隙体积之比，$S_r = \dfrac{V_w}{V_v}$，式中，V_w 为孔隙中水的体积，V_v 为孔隙体积，无量纲。
				1)	在非饱和带中，表示岩石的空隙空间中被水占据部分所占的比例[5]。
				2)	岩石孔隙中水的体积与孔隙体积之比，以百分数表示。反映岩石中孔隙的充水程度[4]。
				3)	土孔隙中水的体积与孔隙体积之比，以百分数表示[1,3]。
15	饱和溶液	水化学-水文地球化学	saturated solution	饱和溶液 saturated solution	指在一定温度和压力下，溶质在溶剂中溶解的量达到溶解平衡时的溶液。
16	饱和指数	参数	saturation index	饱和指数 saturation index	又称矿物在水中的活度积（I_{Ap}），指水中含有某一矿物溶解后相同的离子活度的乘积与该矿物的饱和溶度积的比值，无量纲。
				1)	确定水与矿物处于何种状态的参数（用 SI 表示）。$SI = (I_{Ap}/K_{sp})$ 或 $SI = \lg(I_{Ap}/K_{sp})$，其中，Ap 为活度积；I_{Ap} 为矿物在水中的活度积；K_{sp} 为溶度积[6]。
17	饱水带	水文地质基础	saturated zone	饱水带 saturated zone	指地表以下，岩土体空隙中全部充满水的区域。
				1)	指地下水面以下，土层或岩层的空隙全部被水充满的地带[1,3]。

18	背斜构造	基础地质	anticline structure	背斜构造 anticline structure	指中心部位为较老岩层，两侧部位岩层依次变新的弯曲岩层。
				1)	指岩层向上弯曲，形成中心部分为较老岩层，两侧岩层依次对称变新[7]。
19	背斜蓄水构造	水文地质基础	anticlinal storage structure	背斜蓄水构造 anticlinal storage structure	指空隙中有一定重力水的背斜构造。
				1)	就是能够富集和储藏地下水的背斜构造或穹隆构造[2]。
20	必然事件	数理	inevitable event	必然事件 inevitable event	
				1)	指在一定条件下，每次试验都必定发生的事件，记为 Ω[8]。
21	边界条件	地下水动力学	boundary condition	边界条件 boundary condition	指一定研究范围内，按岩性或地下水运动特性划分出的且可用定量方法描述的一类水文地质界面的总和。如定水头边界、隔水边界、定流量边界等。
				1)	区域边界上水头或流量的变化规律，这种变化是由区域外部条件引起的，但它不影响区域内部地下水运动过程，并在整个计算期间一直起作用[2]。
				2)	渗流区内未知函数在边界上所满足的条件[4]。
				3)	渗流区内未知函数在边界上所满足的条件。渗流区的边界可分为：补给边界、弱透水边界和不透水边界[1,3]。
22	边界条件的概化	地下水动力学	generalization of boundary conditions	边界条件的概化 generalization of boundary conditions	指按相似性原则对含水层边界归类简化水文地质条件，定量描述渗流场内主要水文地质参数的过程及结果。
				1)	对含水层边界几何形状进行概化；将变化复杂的含水介质空间简化为一定形状的几何空间；确定模拟计算的范围（坐标），也就是划定渗流场所模拟研究的场域[2]。
23	变水头边界	地下水动力学	variable water head boundary	变水头边界 variable water head boundary	指渗流场中水头随时间或空间改变而变化的一类水文地质边界。
				1)	利用已控制的观测孔水位线性插值给出由观测孔连线构成的人为的变水头边界，以便反演模拟求参数时用。水头变化连续曲线可按模拟时段概化为阶梯变化曲线[2]。
24	变质水	水文地质基础	metamorphic water	变质水 metamorphic water	指岩石在变质作用过程中释放出的水的总称。
				1)	指岩石在高温高压下发生变质作用时所释放出的水[9]。
				2)	岩石变质过程中和岩石在一起或者曾经在一起的水[1,3]。
25	变质岩	基础地质	metamorphic rock	变质岩 metamorphic rock	
				1)	由变质作用所形成的岩石[1]。
				2)	指地壳中早先形成的岩石（包括岩浆岩、沉积岩和变质岩）经过变质作用形成的新岩石[7]。

26	标型元素	水化学-水文地球化学	modal element	标型元素 modal element	指对环境的地球化学性质、类型及过程起决定作用，且对其他元素的迁移转化有重大影响的元素。
				1）	指对景观地球化学的性质和过程起决定作用的元素。对其他元素的迁移也有重要的影响，"标型元素"必须是在景观中含量很大，而且迁移亦很强的元素[2]。
				2）	对环境的地球化学性质起决定作用，对其他元素的迁移有重要影响的元素[1,3]。
27	标准化学势	水化学-水文地球化学	standard chemical potential	标准化学势 standard chemical potential	指在 25℃和一个标准大气压下纯态物质的化学势。
				1）	即该组分以纯态物质存在时在指定温度 T、压力 p 下的化学势[9]。
28	标准曲线法	技术方法	type-curve method	标准曲线法 type-curve method	又称配线法。指利用完整井抽水试验成果绘制的双对数 s-t 曲线与标准井函数曲线进行匹配，读取水文地质参数的相关工作及结果。
				1）	利用抽水试验实测曲线与理论曲线的匹配，求解水文地质参数的一种图解方法[4]。
				2）	是地下水非稳定运动理论公式的图解法。将不同水文地质条件下，不同公式中的各种井函数及其自变量，绘制成各种标准曲线，按类似方法进行求解[1]。
				3）	是地下水非稳定运动理论公式的图解法[3]。
				4）	根据抽水实验资料，利用标准曲线确定水文地质参数的一种图解方法[5]。
29	标准生成自由能	水化学-水文地球化学	standard free energy of formation	标准生成自由能 standard free energy of formation	指 25℃和一个标准大气压下物质的生成自由能。
				1）	通常把一个标准大气压下物质的生成自由能称为标准生成自由能[9]。
30	标准误差	数理	standard error	标准误差 standard error	又称中误差或均方误差。指各个误差平方和的平均值的平方根。
				1）	各个误差平方和的平均值的平方根[8]。
31	表面活性剂增溶修复技术	技术方法	surfactant-enhanced aquifer remediation for DNApL removal	表面活性剂增溶修复技术 surfactant-enhanced aquifer remediation for DNApL removal	指用表面活性剂溶解或解吸土壤表面有机污染物并将其移出土壤和水体的一种土壤修复方法。
				1）	表面活性剂增溶修复技术是常见的土壤和地下水有机污染修复技术，它是基于表面活性剂对非水相液体（NAPL），如 PAHs，的增溶作用，将有机污染物从土壤中解吸出来，同时改善难降解有机物的生物可利用性，从而达到降解有机污染物的目的。表面活性剂在水中形成胶束后具有使不溶或微溶于水的烃类等非极性物质（PAHs）的溶解度显著增大的能力[10]。
32	表面张力系数	参数	surface tension coefficient	表面张力系数 surface tension coefficient	指液面上单位长度上所受的表面张力，量纲为[M/T^2]。
				1）	在液面上划一根长度为 L 的线段，此线段两边的液面，以一定的力 f 相互吸引，力的作用方向平行于

				液面而与此线段垂直，大小与线段长度 L 成正比，即 $f=\alpha L$，α 称为表面张力系数[11]。
33	冰川地貌	基础地质	glacial landforms	冰川地貌 glacial landforms	指由冰川侵蚀、溶蚀、搬运、堆积作用形成的地貌总称。
				1）	受冰川侵蚀作用、堆积作用形成的地形，冰蚀地貌有羊背石、基岩磨光面、冰川刻槽、冰阶、冰坎、盘谷、冰蚀盆地、冰川槽谷、悬谷、冰原岛山、鼓丘等[1]。
34	补偿开采量	地下水资源	compensation yield	补偿开采量 compensation yield	指在某一地区不引起含水层负效应且可在未来水文年内能够等量补充的静储量开采量，量纲为[L^3]。
				1）	指在那些不能夺取开采补充量的地区，采取最大限度地抽取天然消耗量，即 $Q_{均开}=Q_{减消}$，但在开采时以不能产生其他的危害作用为原则[2]。
35	补给带宽度（补给带限度）	地下水动力学	limit of groundwater entering well	补给带宽度（补给带限度）limit of groundwater entering well	指地下径流至抽水井中的最大宽度。数值上近似指抽水形成的降落漏斗与水流方向的垂直的直线距离所构成的一个曲面。
				1）	在有天然径流的含水层中抽水时，流入抽水井孔的地下水流宽度[1,3]。
36	补给量	水文地质基础	infiltration recharge	补给量 infiltration recharge	指天然状态或开采条件下，单位时间进入含水层（带）的水量，量纲为[L/T]。
				1）	指天然状态或开采条件下，单位时间从下列途径进入含水层（带）的水量。①大气降水渗入；②地表水径流入；③地下水径流的流入；④越流补给；⑤人工补给。补给量通常用单位时间内获得的水体积表示之（如 m^3/d，或亿 m^3/a）[2]。
				2）	指天然状态或开采条件下，单位时间通过各种途径进入含水系统的水量[12]。
37	补给模数	参数	modulus of recharge	补给模数 modulus of recharge	又称含水层补给模数或地下水补给模数。指单位时间单位面积含水层获得的地下水补给量，量纲为[L/T]。
				1）	在单位面积含水层上所获得的地下水补给量。常以单位面积上的流量量纲[$m^3/km^2·a$]表示[1,3]。
				2）	单位面积含水层在天然或开采条件下，单位时间内所获得的补给水量，常用单位为[$m^3/km^2·a$]或[$L/km^2·s$]。
38	补给疏干法	技术方法	compensation-dewatering method	补给疏干法 compensation-dewatering method	又称补偿疏干法。指理论上丰水期的水可以较多地补给到含水层，据此计算地下水枯水期部分开采储存量的评价方法。（过去较少考虑生态问题，该概念在现代水文地质中已废弃）。
				1）	在含水层有一定调蓄能力地区，运用水量均衡原理，充分利用雨洪水，扩大可开采量的一种方法[12]。
				2）	根据水均衡的原理和以丰补歉的原则，把丰水期多余的地下水补给量（即大于开采量的那一部分补给量）平均分配到枯水期进行开采的资源评价方法[4]。
39	补给水扩散范围	地下水动力学	diffusion range of recharge water	补给水扩散范围 diffusion range of recharge water	指补给水进入含水层后，以灌入孔为中心形成的丘形区的面积。
				1）	补给水进入含水层后，以回灌工程为中心而形成的补给水反漏斗（锥形区）的面积[4]。

40	补给水扩散速度	地下水动力学	spreading velocity of recharge water	补给水扩散速度 spreading velocity of recharge water	指补给水进入含水层后，向含水层四周流动的具有方向性和不均匀性的速度。
				1)	补给水通过回灌工程进入含水层后的移动速度[4]。
41	补给水停滞时间	地下水动力学	retention time of recharge water	补给水停滞时间 retention time of recharge water	指补给水源从进入含水层至再次开采出来的时间间隔。
				1)	补给水源从注入含水层到从含水层中开采出来的时间间隔[4]。
42	不可能事件	数理	impossible event	不可能事件 impossible event	
				1)	指在一定条件下，各次试验都一定不发生的事件，记为 $\varnothing$ [8]。
43	不稳定蒸发状态	地下水动力学	unstable evaporation state	不稳定蒸发状态 unstable evaporation state	指当没有补给或蒸发量大于补给量的情况下，非饱和带中水分以蒸发方式动态消耗的现象。
				1)	当没有补给或蒸发大于补给的情况下，非饱和带中水分不断消耗，处于不稳定蒸发状态[5]。
C					
44	残留含水量	参数	residual moisture	残留含水量 residual moisture	指重力释水后，包气带中的空隙中水未受到蒸发、蒸腾影响时的土壤水含量，量纲为[L³]。
				1)	包气带充分重力释水而又未受到蒸发、蒸腾消耗时的含水量[1, 4]。
45	残积物	基础地质	residual sediments	残积物 residual sediments	
				1)	岩石经长期风化作用之后，不稳定的矿物有不同程度的分解，产生的可溶性物质随水流失，剩下的物质（物理风化、化学风化的产物）残留原地，称残积物[7]。
				2)	指地表岩石风化后残留在原地的堆积物[1]。
46	常温带	水文地质基础	constant temperature zone	常温带 constant temperature zone	指地面以下不受太阳辐射影响也不随深度增加而增温的空间分布范围。
				1)	变温带以下是一个厚度极小的常温带。地温一般比当地年平均气温高出1～2℃。在粗略计算时，可将当地的多年平均气温作为常温带地温[11]。
47	测压管水头	地下水动力学	piezometric head	测压管水头 piezometric head	又称测压高度。指给定参照位置以后，测压管的总水头等于位置水头与水柱高度的水头之和，量纲为[L]。
				1)	测压管水头（H_n）为 $H_n = z + \dfrac{p}{\gamma}$。式中，$z$ 为位置水头；p 为压强；γ 为密度[5]。
				2)	指含水层中某点在基准面以上的位置高度（z）与该点压力水头（p/γ）之和，量纲为[L][4]。
				3)	在密度为 γ 的水中某一点的位置高度（z）与压力水头（p/γ）之和[1, 3]。
48	层次分析法	技术方法	hierarchical analysis method	层次分析法 hierarchical analysis method	指在地下水系统管理中，按管理需求对水文地质参数重要性大小进行级别次序划分的过程及结果。

				1)	是以聚类分析和模式识别为理论基础，对水资源管理方案进行综合评价的一种优化方法[4]。
49	层间裂隙水	水文地质基础	interlayer fissure water	层间裂隙水 interlayer fissure water	指赋存于层状岩体中两个岩性层之间的裂隙中的地下水。
				1)	指埋藏在层状岩石的成岩裂隙和区域构造裂隙中的地下水，含水层裂隙以网状组合为主，裂隙之间有较好的水力联系，其分布边界主要受不同性质岩层界面控制，形成较典型的层状含水层[2]。
50	层间水	水文地质基础	interstratified water	层间水 interstratified water	指存在于局部空间上有两个隔水层之间的含水层中的地下水。含水层与隔水层均是有透镜状特征。如果含水层介质为裂隙，称为层间裂隙水，如果为孔隙，称为层间孔隙水。
				1)	存在于上下两个隔水层间含水层中的地下水。层间水可分为承压层间水和无压层间水两类，前者的分布比后者广泛[1,3]。
51	层流	地下水动力学	laminar flow	层流 laminar flow	指地下水各质点相互不混杂且质点迹线相互平行的一种水流。该状态称为层流状态。
				1)	液体流动的一种状态，液体质点彼此不相混杂、迹线呈平行的流动状态。层流运动时大多数情况下水力坡度与流速的一次方成正比[1,3]。
52	层内裂隙水	水文地质基础	fractured rock water in the layer	层内裂隙水 fractured rock water in the layer	指赋存于层状沿途单一岩性层内部裂隙中的地下水。
53	层状介质	水文地质基础	layered medium	层状介质 layered medium	指在空间上呈层状分布的地质体。该地质体与其上下相邻的地质体具有明显不同的物理性质，尤指渗透性。
				1)	一般指由两个或两个以上具有不同渗透性，呈层状分布的均质岩层所组成的非均匀介质[4]。
				2)	非均质介质的一种类型。一般由两个或两个以上具有不同渗透性的相互平行的均质岩层组成[1,3]。
54	层状裂隙水	水文地质基础	stratified fissure water	层状裂隙水 stratified fissure water	指赋存于层状裂隙中的水。
				1)	存在于成层的脆性岩层（如砂岩、硅质岩及玄武岩等）、原生裂隙和构造裂隙构成的层状裂隙中的水[1,3]。
55	层状热储	水文地质基础	stratified reservoir	层状热储 stratified reservoir	指储有地热能的层状地质体。
				1)	以传导热为主、分布面积大并具有有效空隙和渗透性的地层构成的热储。泛指沉积盆地型热储[14]。
56	潮湿系数	参数	wetting coefficient	潮湿系数 wetting coefficient	指年降水量与年蒸发量的比值，无量纲。
				1)	为了说明一个地区水分的盈亏和气候的干湿特性，常采用年降水量（x）与年蒸发度（Zw）的比值，即所谓的"潮湿系数"，用（KB）来表示，KB = x/Zw[1,3]。
57	沉淀管	工程类	settling tube	沉淀管 settling tube	指钻孔底部用于收集并阻止砂砾或岩屑破坏抽水设备的装置。

			1）	抽水井中滤水管下部的无孔管段[1,3]。
58	沉积承压水系统	水文地质基础	sedimentary confined water system	沉积承压水系统 sedimentary confined water system	指沉积过程中封存的水在后期地静压力作用下，导致测压水头高于此含水层的顶板形成的一种含水系统。
				1）	其水头是靠压实沉积物和岩石被压实过程中水挤入到储集层中而造成的（部分是因储集层本身被压实使水发生转移而造成的）。因此，大部分沉积承压水系统，也叫地静压力系统，但在某些情况下，岩石的压实作用是由构造应力引起的，所以有时又以地动压力系统为主[2]。
59	沉积水	水化学-水文地球化学	connate groundwater; sedimentation water	沉积水 connate groundwater; sedimentation water	又称封存水或埋藏水。指与沉积物同期形成并保存下来的水。
				1）	指与沉积物大体同时生成的、由古地表水演变而成的古地下水[11]。
				2）	沉积水指的是随沉积物一起沉积下来并保存在地下的水[9]。
				3）	在沉积过程中保存在成岩沉积物空隙中的水[4]。
				4）	在沉积过程中保存在沉积物空隙中的水。它能在一定程度上反映沉积物形成时介质的条件，但在沉积以后的成岩过程中的成分会逐渐改变[1,3]。
60	沉积岩	基础地质	sedimentary rock	沉积岩 sedimentary rock	
				1）	过去曾称为水成岩。沉积岩是由成层沉积的松散沉积物固结而成的岩石[1]。
				2）	地表或接近地表的条件下，由母岩（岩浆岩、变质岩和已形成的沉积岩）风化剥蚀的产物经搬运、沉积和成岩作用形成的岩石[7]。
61	成井工艺	技术方法	well completion technique	成井工艺 well completion technique	指钻孔为达到地下水勘探或开采目的，所需完成的工序并安装相应设施（设备）的过程。
				1）	水文地质钻孔或供水井裸眼钻成后，安装井内装置的施工工艺。包括换浆、探井、下管、填砾、止水、洗井、抽水试验等工序[4]。
				2）	包括下管（井壁管和滤水管）、填砾（围填砾料）、止水和洗井等主要工序的钻井工艺[1,3]。
62	成岩裂隙水	水文地质基础	diagenetic fracture water	成岩裂隙水 diagenetic fracture water	指赋存于成岩过程中产生并保留的裂隙中的水。
				1）	岩石在成岩过程中受内部应力作用而产生的原生裂隙为成岩裂隙，赋存其中的裂隙水称为成岩裂隙水[11]。
63	承压含水层	水文地质基础	confined aquifer	承压含水层 confined aquifer	指两个不透水层或弱透水层之间的完全饱水且含水层中任一点的测压水位高程均高于含水层的顶板高程的含水层。
				1）	是两个不透水层或弱透水层之间所夹的完全饱水的含水层。含水层中任一点的压强都大于一个大气压，所以称为承压含水层[2]。
				2）	具有承压水的含水层，其上界和下界是不透水层或弱透水层[4]。

64	承压含水层厚度	水文地质基础	thickness of confined aquifer	承压含水层厚度 thickness of confined aquifer	指承压含水层隔水顶板处至隔水底板的岩层真厚度，量纲为[L]。
				1)	承压含水层相对隔水顶底板之间的垂直距离[4]。
				2)	隔水顶、底板之间的距离为承压含水层的厚度[10]。
65	承压-潜水井	工程类	pressure-diving well	承压-潜水井 pressure-diving well	指因抽水导致承压含水层中测压水位低于该含水层顶板高程的井。
				1)	在承压水井中大降深抽水时，如果井水位低于含水层顶板，井附近就会出现无压流水区，变成承压-潜水井[5]。
66	承压水	水文地质基础	confined water	承压水 confined water	指充满两个隔水层之间的含水层且测压水位高于含水层最高点时的一类地下水。
				1)	指充满于两个隔水层（或弱透水层）之间的含水层中的水[10]。
67	承压水等水压线图	图形	isopiestic line map of confined water	承压水等水压线图 isopiestic line map of confined water	指同一含水层中承压水的测压水位相等的点连成的曲线所构成的图。
				1)	承压水的测压水位等压线图[1,3]。
68	承压水井	工程类	confined water well	承压水井 confined water well	指在开挖井穿过隔水层时，井中水位会迅速上升淹没最低开挖面的一类水井。当水面溢出井口时称为自流井。
				1)	开凿在潜水含水层中的水井，见水后井中水位会迅速上升出含水层的顶面[1,3]。
69	承压水盆地	水文地质基础	confined water basin	承压水盆地 confined water basin	指构造盆地区上形成的具有承压性的含水岩组，如向斜构造中的砂岩地层、灰岩地层。
				1)	以层间承压含水层为主体的、由松散沉积物充填的大型拗陷（或山前拗陷）或基岩向斜所组成的下水盆地。在盆地边缘部分各含水层常不具有承压性，可直接接受大气降水和地表水的补给；在盆地内部第一含水层也常为潜水含水层。埋藏比较浅的承压含水层可以直接或间接向不同切割深度的沟谷排泄；深埋的、径流迟缓的含水层中地下水常只通过弱透水层向上覆含水层排泄[4]。
70	承压水盆地泉	水文地质基础	artesian basin spring	承压水盆地泉 artesian basin spring	指盆地中天然出流的地下水位高于出露点高程时的地下水露头。
				1)	承压水盆地泄水形成的泉[3]。
71	承压水斜地泉	水文地质基础	artesian slope spring	承压水斜地泉 artesian slope spring	指单斜地层或构造中含水层地下水出露上升至地表的露头。
				1)	由承压水斜地泄水而形成的上升泉[1,3]。
72	承压完整井流	地下水动力学	confined intact well flow	承压完整井流 confined intact well flow	指钻孔揭穿含水层厚度且在全部断面均进水的一种井中地下水流动状态。
				1)	井的抽水量是在减压条件下由含水层释放的弹性储存量供给的，而降压区呈现出轴对称下降漏斗，并沿纵横方向不断扩展。在漏斗范围内，流向井的水流形式为径向流，垂向分速等于零，故在柱坐标系中可按一维流研究[2]。

73	持水度	参数	water-holding capacity	持水度 water-holding capacity	指在重力作用下岩土体排水后仍能保持的水的体积与岩土体体积的比值，无量纲。
				1）	是地下水位下降时，滞留于非饱和带中而不释出的水的体积与单位疏干体积的比值，记为 S_r，用小数表示[11]。
				2）	岩石能够保持不受重力支配的最大水量的体积（或饱水岩石在重力作用下排水后还能保持住的水体积）与该岩石体积之比，或用这部分水的重量与干岩石重量之比，均用小数或百分数表示[2]。
				3）	饱水岩石在重力释水后仍能保持的水的体积与岩石体积之比[4]。
				4）	饱和岩石在重力作用下释水时，一部分水从空隙中流出，另一部分水仍保持在空隙中[1, 3]。
74	尺度化	数理	scaling	尺度化 scaling	
				1）	假定一个拓扑空间 X 的承载点集有一个尺度，由这个尺度得到的拓扑跟 X 原有的拓扑相等，那么称 X 可以尺度化[8]。
75	尺度化定理	数理	scale theorem	尺度化定理 scale theorem	
				1）	一个拓扑空间 X 可以尺度化的充分必要条件是：X 为 T_3 空间并且 X 的拓扑有一个基是可数个局部有限簇的和集（这里的"局部有限"可以改作"绝缘"，T_3 也可以改作 T_4）[8]。
76	尺度拓扑	数理	scale topology	尺度拓扑 scale topology	
				1）	假定 j 是集 D 的一个尺度，对一点 $a \in D$ 和一个实数 r，把 $\{x\|j(x, a)<r\}$（当 $r \leqslant 0$ 时它表示空集）称为以 a 为球心 r 为半径的开球，所有开球全体所繁殖的拓扑称为 D 的尺度拓扑。实际上，所有开球的全体是这个拓扑的一个基。以后如果没有另外声明，凡是尺度空间都假定是以这个尺度拓扑为拓扑的拓扑空间[8]。
77	尺度效应	数理	scale effect	尺度效应 scale effect	指被研究对象的相关参数随时间间隔、空间尺度变化而变化的现象。
				1）	弥散度、渗透系数值和试验范围（如抽水试验的影响范围）有关，随着它的变化而变化，这种现象称为尺度效应[5]。
78	冲积洪扇	基础地质	alluvial-proluvial fan	冲积洪扇 alluvial-proluvial fan	
				1）	在半干旱山区的河流挟带的冲积物出山口后，形成的延伸很广、坡度较缓的冲积扇，洪水期冲积扇上常形成相应的洪积物，这种既具有二元结构的冲积物，又有多元结构洪积物的冲积扇，称冲洪积扇[1]。
79	冲积平原	基础地质	alluvial plain	冲积平原 alluvial plain	
				1）	广义的冲积平原是指由河流泛滥和三角洲增长堆积连接而成的大平原。如华北大平原就属这类大冲积平原。狭义的冲积平原是典型的冲积平原，即在洪

					水泛滥期间河流不断改道，沿河床及其两侧长期堆积而成的冲积平原[1]。
80	冲洗液消耗量	参数	consumption of flushing liquid	冲洗液消耗量 consumption of flushing liquid	指在钻进过程中，冲洗液的损失量。是描述透水岩层渗透能力的一个指标。
				1)	在钻进过程中钻进冲洗液的损失量。在数量上等于某一时间内冲洗液增添量与冲洗液循环系统中储存量之差[4]。
81	充水岩层	工程类	flooding layer	充水岩层 flooding layer	指可作为矿坑或工程开挖面充水水源的含水层或岩体。
				1)	位于矿体（层）或其外围并在采掘时可成为矿坑涌水水源的含水层[4]。
82	抽水量历时曲线图	图形	flow duration curve	抽水量历时曲线图 flow duration curve	指在抽水过程中抽水水量随时间变化的曲线图。
				1)	在抽水过程中，抽水水量随观测时间变化过程的曲线图[4]。
83	抽水试验	技术方法	pumping test	抽水试验 pumping test	指以一定水量或一定降深的抽水方式，获取含水层的渗透系数（K）或其他水文地质参数的工作及结果。
				1)	通过从钻孔或水井中抽水，定量评价含水层富水性，测定含水层水文地质参数和判断某些水文地质条件的一种野外试验工作方法[10]。
				2)	通过水文地质钻孔抽水确定水井出水能力，获取含水层的水文地质参数，判明某些水文地质条件的野外水文地质试验工作[4]。
				3)	一种测定含水层富水性和水文地质参数的试验[1,3]。
84	初始水力坡度	参数	initial hydraulic gradient	初始水力坡度 initial hydraulic gradient	也称自然水水力坡度。指含水层中水体发生流动的最小水力坡度。
				1)	黏性土中的地下水克服结合水的抗剪强度，使之发生流动所必须具有的水力坡度[1,3]。
85	初始条件	地下水动力学	initial condition	初始条件 initial condition	指能够满足地下水流动或地下水中溶质运动方程初始时刻有解析解的外部条件或假设条件。
				1)	在所选定时刻（$t=0$ 或 $t=t_0$），研究区内某种溶质浓度的空间分布状况，即称为该种溶质浓度的初始条件[9]。
				2)	指初始时刻（即计算开始时刻）在区域各点上水头的分布规律，表示饱和流开始继续运动的初始状态。非饱和流初始条件，相应地可以用初始时刻的毛细压头或含水量表示[2]。
				3)	在所研究时段初始时刻，渗流区内未知函数所满足的条件[1,3]。
86	储存量	地下水资源	storage	储存量 storage	指含水层在没有获得外部补给时在重力或应力作用下能释放出水的体积，量纲为[L^3]。
				1)	指储存于含水层内水位变动带以下的重力水体积，单位为[m^3][2]。
				2)	指地下水补给与排泄过程中，某一段时间内在含水介质中聚积并储存的重力水体积[12]。

87	储存资源	地下水资源	groundwater storage resources	储存资源 groundwater storage resources	指在含水层中，具有经济价值且开发后能恢复的储存量，量纲为[L³]。
				1）	包括容积储存量和弹性储存量，容积储存量一般指最低水位以下的含水层（或弱透水层）中储存的重力水总体积，相当于静储量；弹性储存量是承压含水层或弱透水层，由于水头降低（引起岩层压缩和水的膨胀）而释出的水量[1,3]。
88	储能含水层	地下热水资源	energy storage of aquifer	储能含水层 energy storage of aquifer	指具有冷热交换潜力的含水层。
				1）	利用含水层中的地下水和周围环境热量交换缓慢的特点，通过人工回灌方法，将地表冷水或温水较长期地储存地下，而不致使水温产生显著变化，并在需要时抽出再用，以达到节约水源和能源的目的[4]。
89	储水率	参数	water storage rate	储水率 water storage rate	指水头降低一个单位时，由于含水层骨架压缩和水的膨胀，从单位体积含水层中释放水的总体积与含水层孔隙总体积的比值，无量纲。
				1）	指水头降低一个单位时，由于含水层骨架压缩和水的膨胀，从单位体积含水层中释放的总水量[10]。
				2）	表示当含水层水头变化一个单位时，从单位体积含水层中，因水体积膨胀（或压缩）以及介质骨架的压缩（或伸长）而释放的弹性水量，用 μ_s 表示，它是描述地下水三维非稳定流或剖面二维流的水文地质参数[10]。
90	储水系数	参数	storage coefficient	储水系数 storage coefficient	指重力作用下单位体积含水层能释放出水量与总体积的比值。也称释水系数。
				1）	表示当含水层水头变化一个单位时，从底面积为一个单位、高等于含水层厚度的柱体中所释放（或储存）的水量[10]。
91	垂向补给强度	参数	vertical recharge intensity	垂向补给强度 vertical recharge intensity	指单位时间含水层通过重力作用方向获得的外部水量，量纲为[L/T]。
				1）	单位时间内，含水层在垂向上所获得的补给水层厚度，常用单位是[mm/a][4]。
92	垂直排泄	水文地质基础	vertical discharge	垂直排泄 vertical discharge	又称蒸发排泄。指在太阳辐射能影响下含水层沿地球重力相反方向失去水分的过程。
				1）	地下水位抬高溢出地表或毛细管水达到地表、通过水汽蒸发而进行的排泄[1,3]。
D					
93	达西定律	地下水动力学	linear seepage law；Darcy's law	达西定律 linear seepage law；Darcy's law	指均质各向同性多孔介质一维运动水流的单位流量与流向法向的水流面积及水头损失成正比的一种规律，因法国人达西发现而得名。
				1）	又称线性渗流定律。指在均质各向同性多孔介质中，一维渗透水流的流量与垂直水流方向的整个横断面面积（F）、水头差（ΔH）成正比，与渗透路程长度（L）成反比的渗流定律[1,3]。
94	大骨节病	地下水与环境	kaschin-beck disease	大骨节病 kaschin-beck disease	指在一定地域内，较多人群随年龄增长而发生关节畸变的一种疾病。
				1）	指一种地方性的畸形骨关节病[2]。

					2）	一种世界性地方病。以骨后板软骨和关节破坏为主的慢性畸形骨关节疾病[3, 4, 10]。
95	大井	工程类	great well	大井 great well		指井深与井的口径之比为5～10的一种水井类型。
					1）	这种井的特点是，口径大及深度小。按井口形状有：正方形、长方形及圆形等。因为这类井的形状、尺寸及深度等变化很大，所以也有大井、方井、平塘及囤船等不同名称[2]。
96	大井法	技术方法	large diameter well method	大井法 large diameter well method		指把形态复杂的坑道概化成一口大井，利用抽水试验原理，得出水位降深与涌水量的关系的一种水量计算方法。
					1）	把形态复杂的坑道排水系统概化为一个大井，并利用井流公式进行矿坑涌水量计算的方法[4]。
97	大陆效应	同位素	mainland effect	大陆效应 mainland effect		
					1）	指从海岸区向大陆内部，大气降水的δ^2H和$\delta^{18}O$值逐渐减小的现象[9]。
					2）	指重同位素丰度有随与水汽来源海洋的距离增加而降低的趋势[11]。
98	大陆盐化潜水	水文地质基础	continental salinized groundwater	大陆盐化潜水 continental salinized groundwater		指在地下水位埋藏较浅地区，由蒸发强烈导致含水层中溶解性总固体浓度升高的地下水。
					1）	气候干旱地区因蒸发强烈，所形成的盐分聚集的潜水[4]。
					2）	气候干旱地区因蒸发强烈，盐分聚集所形成的潜水。盐化水的含盐量在海水和正常淡水之间[1,3]。
99	大气降水线	同位素	meteoric water line	大气降水线 meteoric water line		指全球或特定区域，大气降水中氢-氧稳定同位素构成的线性相关线，因 Craig 发明而称为克雷格降水线。
					1）	1961 年 Craig 通过对全球降水样品同位素资料的分析指出，雨水 δ^2H 和 $\delta^{18}O$ 值之间存在着线性关系，并得出了如下的相关关系式：$\delta^2H = 8\delta^{18}O + 10$[9]。
100	带状热储	地下热水资源	banded geothermal reservoir	带状热储 banded geothermal reservoir		指储有天然地热能的带状地质体。
					1）	以对流传热为主、平面上呈条带状延伸、具有有效空隙和渗透性的断裂带构成的热储[14]。
101	单井出水量	地下水动力学	yield of single well	单井出水量 yield of single well		指在不引起含水层负效应的情况下，单井在某一降深条件下的最大出水量，量纲为$[L^3]$。
					1）	一口水井在某一降深条件下的流量[4]。
102	单井回灌量	地下水动力学	recharge quantity of single well	单井回灌量 recharge quantity of single well		指单口井在最大自然井深条件下，向含水层灌入的水量，量纲为$[L^3]$。
					1）	通过一口回灌井注入含水层中的水量[4]。
103	单井最大出水量	地下水动力学	maximum yield of well	单井最大出水量 maximum yield of well		指在不受抽水设备能力限制时，某一含水层的水井或钻孔的最大产水量。
					1）	能从井、孔中抽出的最大水量。反映井孔的最大出水能力，表示含水层富水性的指标[20]。

					2)	当井孔中水位降深达到最大水位降深值时，井孔中的涌水量即为最大涌水量[1,3]。
104	单孔抽水试验	技术方法	single well pumping test	单孔抽水试验 single well pumping test		指利用一个抽水孔抽水，获取含水层的渗透系数或其他水文地质参数的一类抽水试验。
					1)	只在一个抽水孔中进行抽水的试验[4]。
					2)	没有观测孔而只有一个抽水孔的抽水试验[1,3]。
105	单位储水系数	参数	unit storage coefficient	单位储水系数 unit storage coefficient		指含水层水头变化一个单位时，从底面积为一个单位含水层厚度的柱体中所释放（或储存）的水量，量纲为[L^{-1}]。
					1)	物理含义是水头变化一个单位时单位体积含水层中可能释放或储存的水量[2]。
106	单位容水度	参数	specific water capacity	单位容水度 specific water capacity		指单位体积岩土体接纳的水的体积与岩土体总体积的比值，无量纲。
					1)	在非饱和岩层中，单位毛细管压力水头（h_c）的变化所引起的单位体积岩层中储存或释放的水体积，即 $C(\omega) = -d\omega/dh_c$[4]。
					2)	在非饱和水流中单位压力水头 h_c 所引起的土壤含水量 ω 的变化值，即 $C(\omega)= -d\omega/dh_c$。换言之，即在非饱和土壤中，单位水头变化时，单位体积土壤可以储存或释放的水的体积。单位容水度常以 $C(\omega)$ 表示，量纲为[L^{-1}][1,3]。
107	单位释水（储水）系数	参数	specific storativity	单位释水（储水）系数 specific storativity		又称释水（储水）率。指单位体积含水层水头降低（上升）一个单位时所能释放出（储存）的水量，量纲为[L^{-1}]。
					1)	表示面积为一个单位、厚度为一个单位的含水层，当水头降低一个单位时所能释放的水量[5]。
					2)	是在水头平均下降一个单位时，由于水的膨胀和岩层的压缩，在单位体积含水层（或弱透水层）中释放的水量；或者在水头平均上升一个单位时，其所储进的水量，量纲为[L^{-1}][1,3]。
108	单位涌水量	参数	specific yield	单位涌水量 specific yield		指井孔内水位每下降一个单位时的出水量，量纲为[L^2/T]。
					1)	抽水试验时井孔内水位每下降 1m 时的涌水量[1,3]。
109	单斜蓄水构造	水文地质基础	monoclinic water storage structure	单斜蓄水构造 monoclinic water storage structure		指分布有含水层或透水层的单斜构造。
					1)	由透水岩层和隔水岩层组成的单斜构造，当透水岩层的倾斜方向具备阻水条件时，在适宜的补给条件下即形成单斜蓄水构造[2]。
110	淡咸水界面	水文地质基础	fresh water-saltwater interface	淡咸水界面 fresh water-saltwater interface		指含水层中咸水与淡水的分界面。
					1)	在地下淡水和地下咸水同时存在的地区，淡水和咸水之间的接触面[1,3]。
111	当量浓度	水化学-水文地球化学	normality	当量浓度 normality		指离子的物质的摩尔浓度与其离子价的乘积。（现国际上已不用此单位，但地下水水质分类已习惯用此浓度单位）
					1)	离子的物质的量的浓度（mol/L）与其离子价的乘积[9]。

				2）	当量浓度（eql）是每升溶液中溶质的克当量数（N），其单位为[eq/L][5]。
112	导水系数	参数	coefficient of transmissivity	导水系数 coefficient of transmissivity	又称导水率。指单位水头单位宽度含水层断面的流量。数值上等于渗透系数与含水层厚度的积。公式为 $T = K \cdot M$。式中，K 为渗透系数；M 为含水层厚度；量纲为[L^2/T]。
				1）	它的物理含义是水力坡度等于1时，通过整个含水层厚度上的单宽流量。导水系数的概念仅适用于二维的地下水流动，对于三维流是没有意义的[5]。
				2）	表示含水层全部厚度导水能力的参数。通常，可定义为水力坡度为1时，地下水通过单位含水层垂直断面的流量。导水系数 T 等于含水层渗透系数 K 与含水层厚度 M 的乘积，量纲为[L^2/T][1,3]。
				3）	是指具有一般黏滞度的地下水，在单位水头梯度作用下，通过单位宽度含水介质的单位流量。
				4）	表征含水层全部厚度导水能力的参数。其值等于渗透系数与含水层厚度的乘积，量纲为[L^2/T][4]。
113	等价	数理	equivalence	等价 equivalence	
				1）	如果 $A \supset B$ 且 $B \supset A$，即事件 A 和 B 同时发生或不发生，则称 A 与 B 等价，记作 $A = B$[8]。
114	等势线	地下水动力学	equipotential line	等势线 equipotential line	指同一含水层中与流向正交且水头值相等的点构成的曲线。
				1）	与流线呈正交的各点水头值（或水位值）相等的曲线，参见"流网"[1,3]。
115	等水头面	地下水动力学	equipotential surface	等水头面 equipotential surface	指同一渗流场中水头值相等的点构成的曲面。
				1）	渗流场中水头相等的各点连成的面称为等水头面[11]。
				2）	在渗流场中水头值相等的点构成的曲面[4]。
116	等温面	水文地质基础	isothermal surface	等温面 isothermal surface	指温度场中某一时间温度相同的点连接构成的曲面。
				1）	在地热场内同一时刻相同温度各点所连成的面称作等温面[2]。
117	等温吸附方程	水化学-水文地球化学	isothermal adsorption equation	等温吸附方程 isothermal adsorption equation	指在某一温度条件下的地下水某一组分与介质之间吸附平衡时的质量守恒方程。
				1）	在一定温度下达到吸附平衡时，溶质在液相中的浓度与其在固相中的含量之间的关系称为等温吸附方程[9]。
				2）	在一定的温度条件下，测定的吸附量与吸附物平衡质量浓度的关系曲线，相应的数学方程式称为吸附等温式[10]。
118	等效多孔介质方法	技术方法	equivalent porous media method	等效多孔介质方法 equivalent porous media method	指用连续的多孔介质理论近似表达或代替非连续裂隙介质的一种水文地质计算方法。
				1）	用连续的多孔介质的理论来研究非连续裂隙介质中的问题[1, 4]。

119	堤泉	水文地质基础	barrier spring	堤泉 barrier spring	指潜水含水层在流向上遇长条形隔水墙形成的地下水连续露头。
				1)	潜水含水层的隔水底板局部凸起,使潜水水位壅高,出露地表形成的泉水[1,3]。
120	地层	基础地质	stratum	地层 stratum	
				1)	把某一地质时期形成的岩层,称为地层[7]。
121	地方病	地下水与环境	endemic disease	地方病 endemic disease	指与自然条件有密切关系的某一特定地区的疾病。
				1)	在某一特定地区内,自然环境中某些元素的丰、缺、组合比例失调或生物影响所引起的地方性疾病[4]。
				2)	由原生环境引起的地方性疾病[1,3]。
122	地裂缝	水文地质基础	ground fissure	地裂缝 ground fissure	指地质作用或人类活动导致的地面开裂现象。
				1)	出现于松散沉积物表面,具有一定长度及宽度。隐伏的新构造运动断裂带两侧,差异性构造沉降导致沉积物厚度不等,开采深层地下水后发生差异性地面沉降,是产生地裂缝的主要原因[11]。
				2)	地震在地面上所造成的裂隙。大都发生在现代松散沉积物中,大小长短不一,常有规律地排列,有时密集成具有一定方向的裂隙带[1]。
123	地貌	基础地质	landform	地貌 landform	
				1)	又称地形。是地表外貌各种形态的总称[1]。
124	地面沉降	水文地质基础	land subsidence	地面沉降 land subsidence	指在自然或人为因素作用下形成的某一区域地表高程明显低于周围地表高程的环境地质现象。
				1)	大规模开采深层地下水,深层地下水位下降,孔隙水压力显著降低,有效应力增大,松散沉积物释水压密,引起地面高程降低,称为地面沉降[11]。
				2)	在自然或人为因素作用下,某一范围的地表高程在一定时期内发生不断降低的环境地质现象[4]。
				3)	大面积地面下沉。地壳运动、大量开采地下水或石油、地下固体矿床的挖空、地下洞穴的塌陷等,都可引起不同程度和范围的地面沉降[1,3]。
125	地球化学景观	水化学-水文地球化学	geochemical landscape	地球化学景观 geochemical landscape	指能够直接或间接反映地球化学特征的一类自然景观。
				1)	大气、岩石、地形、水、植物、土壤诸自然要素的综合体称为自然景观[1]。
126	地球化学栅	水化学-水文地球化学	geochemical barrier	地球化学栅 geochemical barrier	指地下水流动过程中,其中一种或多种化学组分在某一区域或地段大量脱离水体的区域。
				1)	在元素的水迁移途中遇到物理化学环境的骤然变化,从而使元素从水溶液中大量析出的地段或环境称为地球化学栅[5]。
127	地球热场	地下热水资源	geothermal field	地球热场 geothermal field	又称地球温度场。指某一时刻地球内部温度的空间分布。
				1)	指地球内部空间各点在某一瞬间的温度分布状况[2]。
128	地热	地下热水资源	geothermal	地热 geothermal	又称地下热。指地球内部干热能和水热能的总称。
				1)	存在于地球内部的热[1]。

				2）	地球内部所储存的热量[14]。
				3）	地球内部所含有的热量。有时也泛指地热资源[1,3]。
129	地热梯度	参数	geothermal gradient	地热梯度 geothermal gradient	又称地温梯度或地热增温率。指沿地壳等温面的法线向着地球中心方向上每 100m 岩层温度的增量，量纲为[K/L]。
				1）	指每增加单位深度时地温的增量，一般以[℃/100m]为单位[11]。
				2）	地下温度随深度的增加而增高的变化值，单位为[℃/m]或[℃/100m][1]。
				3）	指地球不受大气温度影响的地层的温度随深度增加的增率。在实际工作中，通常用每深 100m 或 1km 的温增值来表示[3]。
130	地热田	地下热水资源	geothermal field	地热田 geothermal field	指地壳表层一定深度具有同一地质成因且规模较大的地热能赋存区域。
				1）	指地壳中某一范围受共同地质因素所控制的，地温相对较高，具有开发价值的独立的热系统[2]。
				2）	在目前工艺条件可以采及的深度内，富含可供经济利用的地下热水或蒸气的地域[3,4,10]。
131	地热系统	地下热水资源	geothermal system	地热系统 geothermal system	指具有相对独立的热源和热能储层两个基本要素，并按地质运动演化规律进行热能转移、转换的地质体。
				1）	构成相对独立的热能储存、运移、转换的系统。按地质环境和能量传递方式可划分为对流型地热系统和传导型地热系统[14]。
132	地热学	地下热水资源	geothermics	地热学 geothermics	指研究地球内部热能分布、转换、运移及其应用的一门学科。
				1）	主要研究地球的热源及热历史、地球热场结构、地热资源的形成和分布规律，以及如何合理开发利用地热资源和有效地防治热害等[2]。
				2）	是研究地球的热现象和地热资源的学科[1,3]。
133	地热异常区	地下热水资源	geothermal anomalous area	地热异常区 geothermal anomalous area	又称地热区。指某一地区或地质体的温度或地热流明显高于当地平均地球热流的区域。
				1）	指地表热流量显著高于地球热流平均值的地区[1,3]。
				2）	地表放热量或大地热流值显著高于大陆地壳热流平均值的地区[14]。
134	地热资源	地下热水资源	geothermal resources	地热资源 geothermal resources	又称地热。指在现有技术条件下，能被人类经济利用且不产生负效应的以地下水或岩体为载体的热能。
				1）	能够经济地为人类所利用的地球内部的热资源[1,3]。
				2）	能够经济地被人类所利用的地球内部的地热能、地热流体及其有用组分[14]。
135	地下淡水	水化学-水文地球化学	fresh groundwater	地下淡水 fresh groundwater	指总溶解性固体（TDS）小于 1.0g/L 的地下水。
				1）	总矿化度小于 1.0g/L 的地下水[4]。
				2）	矿化度 $M<1g/L$ 的地下水[1,3]。
136	地下肥水	水化学-水文地	nutritious	地下肥水	指硝态氮含量超过 10mg/L 的地下水（因现在地下

		球化学	groundwater	nutritious groundwater	水中硝态氮背景值普遍高于 10mg/L，该名词使用率也大大减小且硝态氮升高多与污染相关）。
				1）	硝态氮含量大于 10～15mg/L 的水[4]。
				2）	地下水中硝态氮含量超过 10ppm，称为"肥水"[1,3]。
137	地下含水系统	水文地质基础	aquifer system	地下含水系统 aquifer system	指边界明确，补给径流排泄区域分明，内部水分布连续有统一的水力学联系的一个或多个含水层或含水层组合。
				1）	由隔水或相对隔水边界圈围的、由含水层和相对隔水层组合而成的、内部具有统一水力联系的赋存地下水的岩系[11]。
				2）	地下水含水系统是指由隔水或相对隔水岩层圈闭的，具有统一水力联系的岩系。一个含水系统往往由若干含水层和相对隔水层（弱透水层）组成。然而，其中相对隔水层并不影响含水系统中的地下水呈现统一水力联系。地下水含水系统可分为基岩构成的含水系统与松散沉积物为主构成的含水系统[10]。
138	地下径流	水文地质基础	groundwater flow	地下径流 groundwater flow	指含水层内地下水从高水头向低水头流动的现象。
				1）	由补给区向排泄区运动的地下水流[4]。
139	地下库容	水文地质基础	capacity of groundwater reservoir	地下库容 capacity of groundwater reservoir	指天然含水层或地下水库中可蓄积水的总量。
				1）	天然含水层或地下水库中，可蓄存水量的空间体积[4]。
140	地下卤水	水化学-水文地球化学	underground brine	地下卤水 underground brine	指总溶解性固体（TDS）大于 50g/L 的地下水。
				1）	是指含有多种工业原料的矿化度大于 35g/L 的地下（液体矿床）水[2]。
				2）	总矿化度>50 g/L 的地下水[4]。
				3）	矿化度 M>50g/L 的地下水[1,3]。
141	地下热水	地下热水资源	geothermal water	地下热水 geothermal water	指水温带明显高于当地年平均气温 5℃及以上的地下水。
				1）	温度高于 60℃ 的地下水[9]。
				2）	目前世界各国对地下热水温度下限的规定，标准不一，多数国家是将高于当地年平均气温的地下水称为热水，我国原地质部水文地质研究所根据利用地下热水的实际情况，并结合地下热水的分布特点，提出如下温度分类：>100℃ 为过热水，60～100℃ 为高温热水，40～60℃ 为中温热水，25～40℃ 为低温热水[2]。
				3）	温度显著高于当地年平均气温，或高于观测深度内围岩温度的地下水[4]。
142	地下水	水文地质基础	groundwater	地下水 groundwater	广义上是指地表以下岩土体空隙中的水。包括土壤水、重力水、结合水等。狭义地下水是指在重力或应力作用下岩土体空隙中的自由流动的水。
				1）	赋存于地面以下岩石空隙中的水[1,4]。
				2）	埋藏于地表以下的各种形式的重力水[4]。

			3)	以各种形式埋藏在地壳岩石中的水[1,3]。
			4)	地下水是指赋存于地面以下岩石空隙中的水[12]。
143	地下水安全可采资源	地下水资源	amount of safe and recoverable groundwater resources	地下水安全可采资源 amount of safe and recoverable groundwater resources	指一个地区一定时期内不会产生负效应时开采出的经济合算的地下水数量。
				1)	在地下水整个开采期间，不造成明显不良后果的前提下，能维持开采的地下水最大开采量。一般不超过开采条件下多年平均补给量[2]。
144	地下水补给强度	参数	recharge intensity of groundwater	地下水补给强度 recharge intensity of groundwater	指单位时间单位面积含水层获得的外部补给水量。
			1)	以水层厚度表示的含水层补给模数，常用单位为[mm/a][4]。
145	地下水补给条件	水文地质基础	condition of groundwater recharge	地下水补给条件 condition of groundwater recharge	指与地下水补给相关联的各种要素的总称。包括补给来源、方式、补给量、补给区大小、地貌及地质特征等。
			1)	指地下水的补给来源、补给方式、补给区面积及边界、补给量等[4]。
			2)	含水层的补给来源、补给量、补给方式、补给途径和补给区大小等总称地下水的补给条件[1,3]。
146	地下水采补平衡区	地下水资源	development and recharge balance area of groundwater	地下水采补平衡区 development and recharge balance area of groundwater	指一定时期内某一含水层或整个区域含水层内地下水开采量和补给量达到动态平衡的地段。
			1)	在开采条件下，一定时段内地下水的开采量和补给量达到动态平衡的地段[20]。
147	地下水超采区	地下水资源	groundwater overdraft area	地下水超采区 groundwater overdraft area	指一定地区一定时间段内的地下水的开采量大于年或多年平均补给量的地段。
			1)	在开采条件下，一定时间段内的地下水的开采量大于年或多年平均补给量，而破坏了地下水采、补平衡的地段[20]。
148	地下水成因	水文地质基础	genesis of groundwater	地下水成因 genesis of groundwater	指某一水源通过各种途径转化为地下水的过程。
			1)	在自然的和人为的因素影响下地下水形成的过程[1,3]。
149	地下水成因分类	水文地质基础	genesis classification of groundwater	地下水成因分类 genesis classification of groundwater	指按地下水的来源属性对地下水进行类型划分的过程和结果。
			1)	根据地下水的形成原因划分的地下水类型。地下水按成因可以分为渗入水，凝结水（水的来源是大气水），埋藏水（沉积水，与沉积岩石同生的，其成分与湖盆或海盆的水质有关），原生水（与岩浆活动有关，例如现代火山喷出的水汽）等[1,3]。
150	地下水储存量	地下水资源	groundwater storage	地下水储存量 groundwater storage	指一个地区含水层中所有重力水的总量。能够被开采并具有经济价值的部分称为储存资源量。

				又称地下水储存资源，是地下水在多年循环交替过程中，积存于含水层中的重力水体积[4]。
151	地下水垂直分带	水文地质基础	vertical zonality of groundwater	地下水垂直分带 vertical zonality of groundwater	指岩石圈内因岩性或空隙特征不同而导致的地下水在垂向上分布有明显的差异现象。
			1）		在岩石圈的垂直剖面上地下水自上而下地有规律地分布[1,3]。
152	地下水脆弱性	地下水与环境	groundwater vulnerability	地下水脆弱性 groundwater vulnerability	指清除含水层中污染物并使地下水性质恢复到污染前的状态所需要的代价的总和。
			1）		污染物从主要含水层顶部以上某个位置进入含水层后，到达地下水系统的某个特定位置的倾向或可能性[10]。
153	地下水等水头线图	图形	map of isopiestic level of confined water	地下水等水头线图 map of isopiestic level of confined water	指反映某一时期一个地区或某一含水层地下水位高程的图件。当有两个或两个以上含水层时应分层表示。
			1）		反映地下水水头标高的等值线图[4]。
154	地下水动力学	地下水动力学	groundwater dynamics	地下水动力学 groundwater dynamics	指研究天然条件和人为因素影响下，地下水在岩土体中流动规律的学科。
			1）		研究地下水在孔隙岩石、裂隙岩石和喀斯特（岩溶）岩石中运动规律的科学[5]。
			2）		研究地下水在岩土中运动规律的学科[4]。
			3）		研究在天然条件下和人为因素影响下，地下水在土和岩石中运动规律的学科[1,3]。
155	地下水动态	水文地质基础	groundwater regime	地下水动态 groundwater regime	指一个地区某含水层（含水系统）各要素（如水位、水量、水化学成分、水温和信息量等）随时间的变化现象。
			1）		地下水各种要素（水位、水量、化学组分、气体成分、温度、微生物等）随时间的变化，称为地下水动态[11]。
			2）		在各种因素综合影响下，地下水的水位、水量、水温及化学成分等要素随时间的变化。可分为潜水动态和承压水动态[4]。
			3）		地下水的水位、水量、水温、化学成分等要素随时间变化的过程[1,3]。
156	地下水动态成因类型	水文地质基础	genetic types of groundwater regime	地下水动态成因类型 genetic types of groundwater regime	指以引起地下水动态变化的原因为属性，对地下水动态进行的分类及结果。分为自然和人为两种类型，自然型包括大气降水、地表水、冻融等类型，人为型包括开采、灌溉等类型。
			1）		根据影响地下水动态的主导因素进行的分类。主要有渗入-蒸发型，渗入-径流型、水文型、渗入-开采型以及多年冻结型和冰雪补给型等地下水动态成因类型[4]。
			2）		根据影响地下水动态的主导因素进行的分类。潜水的天然动态主要受气象、水文等因素控制，可以划分为降水补给型、融雪补给型、冰川融水补给型、河水补给型等，潜水的季节性变化明显，多年变化是与气象周期相一致。在人为开采条件下，潜水和

					承压水不仅水位变化，有时水质也有变化，当人为因素是主导因素时，可称为"人为类型"。承压水的天然动态更多地受地质因素的控制，而与气象、水文等因素的联系相对较弱，如近代火山地区的泉水动态可称为"火山类型"[1,3]。
157	地下水动态观测	预测评价类	observation of groundwater	地下水动态观测 observation of groundwater	指以时间为轴线，对某一地区或含水层的水质水量观测及成果归纳的相关工作。
				1)	指根据某一目的，对一个地区的地下水动态要素（如水位、水温、泉水流量、自流井涌水量等），选择有代表性的泉、井、孔等按照一定的时间间隔和技术要求进行观测、记录和资料整理的工作[1,3]。
158	地下水动态预测	预测评价类	prediction of groundwater regime	地下水动态预测 prediction of groundwater regime	指以资料为基础，采用数学方法或经验方法预测未来某一地区某一时段地下水动态要素的变化特征的过程及结果。
				1)	根据已知的地下水动态变化过程，采用某种计算方法，预测今后地下水动态的变化规律[3, 10]。
				2)	根据已知的地下水动态变化过程，利用计算等方法，预测今后地下水动态的变化规律[1]。
159	地下水非稳定流动	地下水动力学	unsteady flow of groundwater	地下水非稳定流动 unsteady flow of groundwater	指流动要素随时间变化的一类地下水流动类型。
				1)	水位（水头）、流量、流速、运动方向等要素随时间变化的地下水运动[1,3]。
				2)	凡是地下水运动的基本要素中任一个或者全部要素随时间而变化，则称为地下水非稳定流运动[10]。
160	地下水分水岭	水文地质基础	groundwater divide	地下水分水岭 groundwater divide	指地下水流域之间由最高点水位高程连接成的分界线。
				1)	地下水流域的分界线[4]。
161	地下水赋存条件	水文地质基础	groundwater occurrence	地下水赋存条件 groundwater occurrence	指与地下水赋存相关的地质要素的总和。
				1)	地下水埋藏深度和分布范围、含水层的类型、含水构造特点等条件[1,3]。
162	地下水工程突泥	工程类	groundwater engineering mud buret	地下水工程突泥 groundwater engineering mud buret	指工程建设过程中含水层出现涌泥的现象。
163	地下水管理模型	模型模式	groundwater management model	地下水管理模型 groundwater management model	指在以地下水资源为主要水源的地区，以经济发展的需求为目标的地下水资源开采方案的数学表达式。
164	地下水合理开发利用规划	预测评价类	rational development and utilization of groundwater	地下水合理开发利用规划 rational development and utilization of groundwater	指在保障水生态健康的前提下某一地区以水文地质条件为基础的区域地下水资源利用规划过程及结果。
				1)	根据水文地质条件和城镇、工农业可持续发展等各方面的需要，确保生态平衡，对地下水的合理开采所制定的长期远景计划[20]。
				2)	根据水文地质条件和工农业建设各方面的需要，经

					济合理地开发利用地下水[1,3]。
165	地下水化学成分	水化学-水文地球化学	chemical composition of groundwater	地下水化学成分 chemical composition of groundwater	指地下水中所含的离子、分子及生物组分的总称。
				1）	地下水中所含的有机的和无机的化学成分[1,3]。
				2）	地下水是多组分的溶液，其化学成分相当复杂。多以离子、原子、分子、络合物和化合物等形式存在于地下水中，有些物质也以溶解和活动于地下水中的有机质、气体、微生物和元素同位素的形式存在[9]。
				3）	地下水中各类化学物质的总称。它包括离子、气体、有机物、微生物、胶体以及同位素成分等[4]。
166	地下水化学性质	水化学-水文地球化学	hydrochemical characteristics	地下水化学性质 hydrochemical characteristics	指地下水中与化学反应或变化有关的所有要素的总和。包括地下水的酸碱性、硬度和溶解性总固体等。
167	地下水环境背景值	地下水与环境	groundwater environmental background value	地下水环境背景值 groundwater environmental background value	指未受人类影响的地下水中组分的正常含量区间值。具有区域性、季节性，与地质构造、地球化学、自然地理及水文地质条件相关。
				1）	指未受到人类活动影响或污染的地下水中各物质成分的含量[9]。
				2）	是指不受人类活动影响的地下水有关组分的天然含量。具有区域差异性，它随地质、水文地质条件而变[6]。
				3）	在现状条件下，地下水中某组分的平均含量[4]。
168	地下水环境修复技术	地下水与环境	methods for restoring the groundwater environment	地下水环境修复技术 methods for restoring the groundwater environment	指针对人类影响的且地下水质量恶化的含水层治理方法总称。
				1）	地下水环境修复技术可归为两大类：①分离、活化和提取技术；②生物和化学反应技术[10]。
169	地下水环境影响评价（预断评价）	预测评价类	groundwater environmental impact assessment（pre-assessment）	地下水环境影响评价（预断评价）groundwater environmental impact assessment（pre-assessment）	指以现有资料为基础对目标区域地下水质量未来的变化趋势做出的判断过程及结果。
				1）	指在地下水环境质量动态规律、环境质量定量评价、环境水文地质试验的基础上，根据评价区的经济发展规划或某项重要工程建设，建立水质及其他地质环境质量模型，以预测该地区将来地下水环境质量的变化趋势。主要是通过单项污染物的变化趋势的预测来实现的，也可以根据水质综合评价指数的变化趋势进行预测[5,14]。
170	地下水环境质量背景评价	预测评价类	background evaluation of groundwater environmental quality	地下水环境质量背景评价 background evaluation of groundwater environmental quality	指对未受到干扰或工程建设之前的目标区域的地下水质量的判断过程及结果。

					1)	指地下水天然状态未受破坏时对于地下水及其介质环境背景状况的评价[5,14]。
171	地下水环境质量现状评价	预测评价类	status evaluation of groundwater environmental quality	地下水环境质量现状评价 status evaluation of groundwater environmental quality		指某一工程或工作开展前对目标区域地下水质量进行的判断过程及结果。
					1)	指在全面掌握地下水污染现状、污染原因、污染范围和污染程度的基础上，系统地对城市的主要环境水文地质问题作出定量评价和确切的描述[5,14]。
172	地下水活塞模型	模型模式	groundwater piston model	地下水活塞模型 groundwater piston model		指某一前期入渗的地下水被后期入渗的地下水推动前进的流动方式的假设流动方式。
					1)	假定水流在含水层中运动时，像在活塞筒中被活塞推动一样，完全不发生混合的一种水流动模型[5]。
173	地下水禁采区	地下水资源	groundwater prohibited area	地下水禁采区 groundwater prohibited area		指为了满足某种目的限制开采地下水的区域。
					1)	又称地下水限采区。为了长期正常地开采利用地下水资源，防止盲目、肆意地开采破坏其均衡关系，而划定的限制性开采区[20]。
174	地下水径流量	水文地质基础	groundwater runoff	地下水径流量 groundwater runoff		指单位时间内地下水通过含水层流向的法向断面的流量。
					1)	单位时间内通过含水层某一代表性横断面的地下水流量[4]。
					2)	指在山区，单位时间内从一闭合流域或完整的水文地质单元，或一个均衡区的含水层（组）流出的地下水，排泄入河的总流量或泉的总流量[1,3]。
175	地下水径流模数	参数	groundwater runoff modulus	地下水径流模数 groundwater runoff modulus		指不计大气降水补给量条件下地表面积为 $1km^2$ 范围内含水层的地下水径流量。
					1)	表示区域排水基准面以上积极交替代的地下径流，提供区域地下径流的绝对量大小[2]。
176	地下水径流区	水文地质基础	groundwater runoff area	地下水径流区 groundwater runoff area		指同一含水层的地下水从补给区至排泄区的流经范围。
					1)	地下水从补给区至排泄区的流经范围[20]。
177	地下水径流系数	参数	groundwater runoff coefficient	地下水径流系数 groundwater runoff coefficient		指一定时期内，单位面积上的地下水径流模数与大气降水量的比值，无量纲。
					1)	在一定时期内，汇水范围内单位面积上排泄入河的地下径流量（以地下径流深度表示）与汇水面积范围内降水量之比[20]。
178	地下水绝对年龄	水化学-水文地球化学	absolute age of groundwater	地下水绝对年龄 absolute age of groundwater		指水分从进入含水层起至自然流出地表的时间长度。
					1)	水渗入地下以后经历的时间（以年计算）。通常根据放射性同位素的衰变速度来测定，常用的放射性同位素有氚（^3H）和 ^{14}C 等[1,3]。
					2)	指水通过包气带进入含水层后在其中的滞留时间[9]。

				3）	水渗入地下含水层之后经历的时间[4]。
179	地下水均衡	水文地质基础	groundwater balance	地下水均衡 groundwater balance	指一地区一定时间范围内地下水数量、质量、能量和信息的收支状况。
				1）	某一时段、某一范围内地下水水量（盐量、热量等）的收支状况[11]。
				2）	某一地区（含水层）在一定时间段内，地下水的总补给量与总消耗量及地下水储存量的变化量之间数量对比关系[4]。
				3）	一个地区在一定时间内，地下水的总补给量与总消耗量之间的数量对比关系[1,3]。
				4）	以地下水为对象的均衡研究，阐明某个地区在某一时间段内的地下水水量（盐量、热量）收入与支出之间的数量关系[5]。
				5）	分析研究地下水某一单元内水质、水量收支均衡的数量关系[2]。
180	地下水均衡方程	地下水资源	equation of groundwater balance	地下水均衡方程 equation of groundwater balance	指一地区或含水层某一时段内，地下水补给量、排泄量和储存量的数量关系表达式。
				1）	表示地下水均衡收入项和支出项关系的方程。在研究区内某一时段内，某一含水层地下水各补给量总和与各消耗量总和之差值等于均衡期始末的地下水储存量的变化量的关系式[4]。
				2）	表示地下水均衡收入项和支出项间关系的方程。在研究区内固定时间段内（如一年），收入项与支出项之差，即为均衡期始末之间的地下水储存量的变化值[1,3]。
181	地下水开采量	地下水资源	mining yield of groundwater	地下水开采量 mining yield of groundwater	指某一时段某一地区从含水层中抽取的地下水总量。
				1）	包括增加的补充量、减少的天然消耗量、静储量在开采时的动用量或特殊条件下的借用量[2]。
182	地下水开采量统调	预测评价类	simultaneous well-pumpage measurement	地下水开采量统调 simultaneous well-pumpage measurement	指在同一地区同一时间段开展的综合地下水开采数据的调查工作。
				1）	在井灌区为了取得地下水开采量的数据，除布置少数井孔详细统计开采量外，常需要每年整个农灌季节在研究区内开展二三次调查[1,3]。
183	地下水开采模数	参数	groundwater exploitation modulus	地下水开采模数 groundwater exploitation modulus	指一个区域内在单位时间单位面积内单一含水层或所有含水层的开采水量，单位为$[m^3/(a \cdot km^2)]$。
				1）	单位时间单位面积含水层的开采量。单位为 $[m^3/(a \cdot km^2)]$[20]。
184	地下水开采强度	参数	explotable intensity of groundwater	地下水开采强度 explotable intensity of groundwater	指单位时间单位面积含水层厚度或水头的变化量，量纲为[L]。
				1）	以含水层厚度表示的开采模数，常用单位为[mm/a][4]。

185	地下水开系统（开放体系）	水文地质基础	groundwater open system	地下水开系统（开放体系）groundwater open system	指存在物质、能量和信息交换的地下水系统。
				1)	指体系与环境既有物质交换，又有能量交换[2]。
				2)	该系统与大气有 CO_2 交换，水与碳酸盐间的溶解反应所消耗的 CO_2 可得到不断补充，碳酸盐的溶解不受 CO_2 的控制，这种系统称为地下水"开系统"[6]。
186	地下水可采资源	地下水资源	recoverable mining natural resources of underground water	地下水可采资源 recoverable mining natural resources of underground water	指在现有技术条件下可生态且经济开采出的地下水量。
				1)	受自然和人为因素的影响，是一个可变量。在一个水文地质单元或地下水流域，地下水的可采资源既决定于地区天然补给条件、地下水的储存条件，同时决定于开采地下水的经济技术条件[2]。
187	地下水库供水能力	地下水资源	water supply capability of groundwater reservoir	地下水库供水能力 water supply capability of groundwater reservoir	指人工地下水库的总储存水量中可供连续开发利用的数量。
				1)	补给水量经地下水库调节后，在单位时间内可供开发利用的水量[4]。
188	地下水矿化作用	水化学-水文地球化学	groundwater mineralization	地下水矿化作用 groundwater mineralization	指含水层的一种或多种组分含量从低浓度到高浓度并达到当前工业利用水平的地质作用过程。
				1)	地下水通过含水层的自然结果使一种或多种组分浓度增加，这种现象称为矿化[2]。
189	地下水离子强度效应	水化学-水文地球化学	ionic strength effect on groundwater	地下水离子强度效应 ionic strength effect on groundwater	指在高 TDS 地下水中，某一矿物的溶解度略高于该矿物在低 TDS 时的现象。
				1)	指矿物在浓溶液中要比在稀溶液中更易溶，这种效应称为离子强度效应[9]。
190	地下水量评价	预测评价类	groundwater evaluation	地下水量评价 groundwater evaluation	指根据某一要求或目的对一个地区一定时期内地下水总量的计量过程及结果。
				1)	根据水文地质条件和拟定的需水量，确定开采方案及开采量；并应探讨其补给保证程度以及是否需要进行人工补给等[2]。
191	地下水流速	参数	velocity of groundwater flow	地下水流速 velocity of groundwater flow	指单位时间地下水某一质点在含水层中的流动距离，量纲为[L/T]。
				1)	地下水在含水层中的运动速度。地下水流速有实际速度、实际平均速度和渗流速度三种[1,3]。
192	地下水流系统	地下水动力学	groundwater flow system	地下水流系统 groundwater flow system	又称地下水流动系统。指一区域由一个或多个有水力联系的含水层构成的流动空间。
				1)	地下水流动系统是指由源到汇的流面群构成的，具有统一时空演变过程的地下水体。它具有统一的水流，沿着水流方向，盐量、热量与水量发生有规律

					的演变，呈现统一的时空有序结构[10]。
193	地下水埋藏深度图	图形	map of buried depth groundwater	地下水埋藏深度图 map of buried depth groundwater	指一个地区各地下水位高程与同一点地表高程差值构成的等厚度曲线图。
				1)	用地下水埋深等值线反映地下水埋藏条件的图件[4]。
194	地下水年径流模数	参数	annual runoff modulus of groundwater	地下水年径流模数 annual runoff modulus of groundwater	指一个水文年内一地区或含水层（组）的单位汇水面积流过的地下水水量，量纲为[L]。
				1)	在一定时期内，汇水范围内单位面积上排泄入河的地下径流量（以地下径流深度表示）与汇水面积范围内降水量之比。无因次，一般以百分数表示[1,3]。
195	地下水年龄测定	技术方法	dating of groundwater	地下水年龄测定 dating of groundwater	指采用地下水中稳定同位素或放射性元素半衰期来标定地下水年龄的一种方法。
				1)	可以利用稳定同位素的季节变化进行。而更常用的是，利用放射性核素具有衰变速度不依温度、压力或化学组成而改变，给定核素的半衰期是一个常数的特性来测定[12]。
				2)	测定水渗入地下以后经历的时间（以年数计算）。通常按照氚（^{3}H），^{14}C 等放射性同位素的衰变速度来测定[4]。
196	地下水 pH	水化学-水文地球化学	pH value of groundwater	地下水 pH pH value of groundwater	指地下水中氢离子浓度的常用负对数。
				1)	又称 pH，是衡量地下水酸碱性的指标[1,3]。
197	地下水排泄区	水文地质基础	discharge area of groundwater	地下水排泄区 discharge area of groundwater	指某一含水层失去地下水的区域。
198	地下水排泄条件	水文地质基础	groundwater discharge	地下水排泄条件 groundwater discharge	指与地下水排泄相关联的各种要素的总称。按排泄方式分为垂直排泄和水平排泄；按排泄动力分为重力排泄与蒸发排泄。
				1)	地下水的排泄方式、排泄位置、排泄量和排泄的地质条件和人为因素等统称地下水的排泄条件[1,3]。
199	地下水盆地	水文地质基础	groundwater basin	地下水盆地 groundwater basin	指含水层补给区分布于四周较高区域，地下水向内侧较低区域径流及排泄的盆状区域。
				1)	承压水盆地和潜水盆地的总称[1,3]。
200	地下水侵蚀性	水化学-水文地球化学	corrosiveness of groundwater	地下水侵蚀性 corrosiveness of groundwater	指地下水含有的化学组分对建筑物或其他设施的化学侵蚀和破坏作用。尤其是水中侵蚀性 CO_2 和 SO_4^{2-}，H^+ 浓度较高时对混凝土的侵蚀性，水中溶解氧对金属的侵蚀性。
				1)	指地下水对混凝土的侵蚀破坏能力。含侵蚀性 CO_2 的水能溶解混凝土中的钙质而使混凝土崩解。水中 SO_4^{2-} 多时，SO_4^{2-} 可与混凝土作用生成硫铝酸钙，体积膨胀而使混凝土胀裂，或 H^+ 浓度较高时的酸蚀作用[4]。
				2)	地下水对混凝土的侵蚀破坏能力。水中含有 CO_2 和 SO_4^{2-} 多时，或 H^+ 浓度较高时，水就具有侵蚀性[1,3]。

201	地下水圈	水文地质基础	subsurface hydrosphere	地下水圈 subsurface hydrosphere	指地球表面以下岩土体空隙中的水所构成的圈层。
				1)	地表以下包含地球内部所有水分子的物质系统[4[1]]。
202	地下水热量传输模型	模型模式	groundwater heat transfer model	地下水热量传输模型 groundwater heat transfer model	指用能量守恒定律描述地下水温度场变化及热量传输的数学表达式。
				1)	建立在热量传导原理基础上,能够描述和预测地下水温度变化、热量传输的地下水数学模型[20]。
203	地下水人工补给	工程类	artificial recharge of groundwater	地下水人工补给 artificial recharge of groundwater	指将符合一定水质要求的水通过工程设施补充到含水层并不使含水层原有水质恶化的工作。
				1)	采取有计划的人为措施,使地下水获得天然补给以外的额外补充[11]。
				2)	为了某种目的采用一定的工程设施将地表水(或其他来源的水)引入地下含水层,增加地下水的资源,而把引入含水层的水称之为人工地下水[2]。
				3)	通过某种工程设施,将符合回灌标准的水,人工灌入地下储水岩层中,以增加地下水资源总量的方法[4]。
				4)	借助某些工程设施将地表水自流或用压力注入地下储水层以增加地下水的补给量、稳定地下水位的方法和工作[1,3]。
				5)	指通过人工回灌、人工引渗等工程设施,人为地将地表水回灌到含水层中,以增加地下水的补给量,进而加快污染物的稀释和净化过程[9]。
204	地下水人工补给方式	技术方法	mode of artificial groundwater recharge	地下水人工补给方式 mode of artificial groundwater recharge	指根据含水层的自然属性或人工补给设施特征属性,对含水层获得外部补充方式的分类及结果。例如地面引渗回灌、渗透池补给、水井回灌、自流回灌。
205	地下水人工回灌	技术方法	artificial injection of groundwater	地下水人工回灌 artificial injection of groundwater	指利用管井或钻孔按照水质标准向含水层补水的技术方法。
				1)	地下水人工补给的一种类型。指利用管井向含水层中灌水,供水管井一般可作为回灌井[1,3]。
206	地下水生态水位	地下水与环境	ecological groundwater level	地下水生态水位 ecological groundwater level	指维持特定动植物种群生态环境且不导致生态恶化的地下水位。
				1)	维持特定植物种群的(浅层)地下水埋藏深度;当其大于或小于某一植物种群所需时,此植物种群就会发生退化,简称生态水位[11]。
207	地下水实际流速	参数	actual velocity of groundwater flow	地下水实际流速 actual velocity of groundwater flow	指在单位时间内,地下水在含水层的空隙空间流经的实际路径长度。
				1)	水流在含水层空隙中的真实流动速度[1,3]。
208	地下水实际流速测定	技术方法	groundwater actual velocity measurement	地下水实际流速测定 groundwater actual velocity measurement	指采用某种方法测量单位时间内地下水流经路径长度的过程。

编号	术语	类别	英文	中英文	定义
				1)	在井孔中，用示踪剂法或流速仪测定地下水实际流速的野外试验方法[4]。
				2)	地下水实际流速测定与其流向的测定是密切相关的。在测定地下水实际流速前，应先确定或测定地下水流向。地下水实际流速测定主要有示踪剂实验法和物探方法[20]。
209	地下水实际平均流速	参数	actual average velocity of groundwater flow	地下水实际平均流速 actual average velocity of groundwater flow	指单位时间内，通过一含水层断面的地下水流量除以该断面上空隙面积所得到的数值。
				1)	通过含水层过水断面的流量除以断面上空隙的面积所得之值[1,3]。
210	地下水水化学分带	水化学-水文地球化学	hydrogeochemical zoning of groundwater	地下水水化学分带 hydrogeochemical zoning of groundwater	指根据地下水的水质在空间上的差异划分出不同水质区域的过程及结果。
211	地下水水化学剖面图	水化学-水文地球化学	hydrogeochemical profile	地下水水化学剖面图 hydrogeochemical profile	指反映地下水水质要素的水文地质剖面图件。
				1)	表示地下水矿化度、化学成分或某元素在垂向上分布的图件。在这种剖面图上一般要标明主要含水层的分布界线，有时还标上一些控制钻孔[1,3]。
212	地下水水化学图	图形	hydrogeochemical map of groundwater	地下水水化学图 hydrogeochemical map of groundwater	指在一地区以水文地质图为基础反映地下水同一含水层或不同含水层水质主要特征要素的图件。可以是水质单一指标或者多种指标的图件。
				1)	表示地下化学成分或某元素分布的图件。可以分为普通水化学图和专门性水化学图[1,3]。
213	地下水水量管理模型	模型模式	groundwater hydraulic management model	地下水水量管理模型 groundwater hydraulic management model	指以一地区某一时段的地下水水量为依据建立的与该地区行业相关的水量时空分配的数学表达式或表达式组合。
				1)	用于解决地下水（或其他水源）水量分配和地下水开采量、水位控制以及取水工程合理布局等问题的地下水资源管理模型[4]。
214	地下水水文分析法	技术方法	groundwater hydrological analysis	地下水水文分析法 groundwater hydrological analysis	指采用陆地水文学研究方法来分析与地下水流动相关规律的一种方法。
				1)	依照水文学，用测流的方法来计算地下水在某区域一年内总的流量[10]。
				2)	水文分析是评价大区域天然地下水资源的一种有效的方法[2]。
215	地下水水源地选择	地下水资源	selection of groundwater sources	地下水水源地选择 selection of groundwater sources	指以经济指标最优且满足取水量和水质要求的供水水源地的选择工作及成果。
216	地下水水质管理模型	模型模式	groundwater quality management	地下水水质管理模型 groundwater quality	指以一地区某一时段地下水水质为基础，建立的水质与开采条件时空关系变化的一种数学表达式。

			model	management model	
				1)	用于解决地下水水质管理和污染控制问题的地下水资源管理模型[4]。
217	地下水水质模型	模型模式	model of groundwater quality	地下水水质模型 model of groundwater quality	指描述一地区水质参数随时空变化的关系表达式或表达式组合。
				1)	又称地下水溶质运移模型，可描述与模拟地下水流运动规律（水量变化）的数学或物理模型[4]。
				2)	定量评价和研究地下水水质问题的数学模型。利用不考虑空间坐标的集中参数模型时，主要研究含水层中平均浓度随时间的变化规律；利用分布参数模型时，可研究渗流区内任一时刻、任一地点，地下水中组分或示踪物浓度分布和运移规律[1,3]。
218	地下水水质评价	预测评价类	groundwater quality evaluation	地下水水质评价 groundwater quality evaluation	指依据某一国家标准或用户目的，对一地区地下水水质的现状和变化趋势进行判断的过程及结果。
				1)	根据各种用途的水质标准进行评价，说明地下水的适用性，不作污染程度评价[2]。
219	地下水似稳定动态	地下水动力学	quasi-steady regime of groundwater	地下水似稳定动态 quasi-steady regime of groundwater	指含水层中地下水运动要素每一时刻变化较小，可近似地用稳定流动状态来描述且所得到的结果是可接受的一种地下水流动方式。
				1)	地下水非稳定运动的一种类型，是指对非稳定运动的每一个时刻能近似用稳定运动方程描述时的地下水运动状态[1,3]。
220	地下水天然资源	地下水资源	natural resources of groundwater	地下水天然资源 natural resources of groundwater	指在生态和水质不恶化的条件下一地区理论上可开采的地下水总量。
				1)	在水文地质学中是指天然补给量。是在天然条件下，地下水在循环交替过程中，可以得到恢复的那部分资源[1,3]。
				2)	在天然条件下通过大气降水入渗、河流的渗透、上覆或下伏含水层的越流以及来自邻区的水平径流等方式进入含水层中的水量，它可根据含水层水均衡中所有收入项的总和或消耗项的总和来确定[2]。
				3)	天然条件下，地下水在循环交替过程中，可以得到恢复的那部分水量，即多年平均补给量[4]。
221	地下水同位素测定	同位素	isotope assaying of groundwater	地下水同位素测定 isotope assaying of groundwater	指对地下水中同位素类型及数量进行分析的过程及结果。
				1)	利用专门仪器、设备对地下水中同位素成分，含量等进行的分析测定。常测定的同位素有 ^2H、^3H、^{16}O、^{18}O、^{32}S、^{34}S、^{12}C、^{15}N、^{14}C 等[4]。
222	地下水位	水文地质基础	groundwater level	地下水位 groundwater level	指含水层中离地表最近水面的绝对高程。
				1)	地下水面相对于基准面的高程。通常以绝对标高计算，也称"地下水位标高"[1,3]。
223	地下水位变幅图	图形	map of amplitudes of groundwater	地下水位变幅图 map of	指反映目标年与对比年地下水位变化量的一种图件。可以是一个点或多个点的地下水位变幅。

			level fluctuation	amplitudes of groundwater level fluctuation	
				1)	表示地下水位变化幅度的平面图,根据起止时间的选择,可以编制相邻两年的地下水年平均水位的变化幅度图,某一年的最高和最低的水位变化幅度图等各种图件[1,3]。
224	地下水位动态曲线图	水文地质基础	hydrograph of groundwater level	地下水位动态曲线图 hydrograph of groundwater level	指一地区或一含水层的某一观测点的水位与该水位测量时间的关系曲线。
				1)	反映地下水位随时间变化过程的曲线图[4]。
225	地下水水位埋藏深度	水文地质基础	depth of groundwater level	地下水位埋藏深度 depth of groundwater level	指一地下水面高程相对于该点地表高程的差值。
				1)	从地表面到地下水面的垂直深度。潜水位的埋藏深度,等于地面到潜水面的垂直深度。承压水位的埋藏深度,则是地面到钻孔揭露承压含水层时,井孔的垂直深度[1,3]。
226	地下水位统测	技术方法	simultaneous measurement of groundwater level	地下水位统测 simultaneous measurement of groundwater level	指在同一地区同一时间段开展的地下水位测量的工作。
				1)	对研究区内的井孔在同一时间(例如同一天内)进行水位测量,以便编制此一时间的地下水位埋深图和等水位线图[1,3]。
				2)	对研究区内的井孔在同一时间进行水位测量,以便查明地下水位的分布状况,编制此一时刻的地下水等水位线图和地下水埋藏深度图等[4]。
227	地下水稳定流动	地下水动力学	steady flow of groundwater	地下水稳定流动 steady flow of groundwater	指一含水层或地下水系统中一定时间内地下水流动要素(水头、流速、流向)不随时间变化的一种状态。
				1)	在一定的观测时间内,水位(水头)、流量、流速、运动方向等渗流要素基本上不随时间变化的地下水运动[1,3]。
228	地下水污染	地下水与环境	groundwater pollution	地下水污染 groundwater pollution	指人类活动引起的地下水水质恶化的现象及结果。
				1)	人为活动产生的有害组分加入天然地下水,改变其物理、化学及生物性状,导致水质恶化,称为地下水污染[11]。
				2)	凡是在人类活动影响下,地下水水质变化朝着恶化方向发展的现象[9]。
				3)	凡是在人类活动影响下,地下水水质朝着水质恶化方向发展的现象,统称为"地下水污染"[2,10]。
				4)	由于人为原因造成地下水中有害物质积累,水质恶化的现象[4]。
				5)	人为原因造成地下水水质恶化的现象[1,3]。
229	地下水污染评价	预测评价类	evaluation of groundwater pollution	地下水污染评价 evaluation of groundwater	指对引起一地区地下水水质恶化的污染源、污染程度及污染发展趋势的判断过程及结果。

					pollution
				1)	指污染源对地下水产生的实际污染效应的评价，其主要目的是论证地下水污染程度，为污染治理提供依据。地下水污染评价可分为现状评价和预测评价两种类型[10]。
230	地下水污染物	地下水与环境	groundwater contaminants	地下水污染物 groundwater contaminants	指人类活动导致进入地下水环境的有害物质的总称。
				1)	能造成水质变坏的物质成分有细菌微生物，悬浮物，溶解于水中的无机物和有机物，放射性元素及同位素等[5, 14]。
231	地下水污染现状评价	预测评价类	evaluation of groundwater pollution status	地下水污染现状评价 evaluation of groundwater pollution status	指依据相关标准，对一地区或含水层评价期间地下水水质不良程度的判断及其结果。
				1)	根据近期地下水水质监测资料，对调查区的地下水污染现状的评价[10]。
232	地下水污染预测评价	预测评价类	groundwater pollution prediction evaluation	地下水污染预测评价 groundwater pollution prediction evaluation	指运用水文地球化学作用原理，根据水文地质条件，分析判断潜在污染源或污染物在某一场地内的未来时空变化的系列工作及成果。
				1)	根据调查区经济发展规划，利用已累积的监测资料，预测该区将来地下水污染变化情况，根据预测结果进行评价[10]。
233	地下水污染预警评价	预测评价类	groundwater pollution early-warning-evaluation	地下水污染预警评价 groundwater pollution early-warning-evaluation	指分析某污染场地地下水污染发展趋势并判断未来可能的污染范围、污染程度或危害程度的相关工作和成果。将地下水污染预警成果以一定方式向政府或公众进行发布，称为地下水污染预报。
				1)	地下水污染预警预报评价是以区域地下水污染监测与调查数据、地下水污染相关标准为基础，结合地下水防治区类型等因素，确立地下水污染预警级别的划分，筛选地下水预警评价和预警模拟模型，初步评估不同程度污染可能影响的形式和范围，建立地下水污染预报的信息发布服务系统，制订应急预案和技术工程措施，为合理防治地下水污染、及时保护地下水资源提供科学依据[10]。
234	地下水污染源	地下水与环境	groundwater contaminants source	地下水污染源 groundwater contaminants source	指引起地下水水质或生态发生有害变化的物质或能量。
				1)	引起地下水污染的各种物质的来源称为地下水污染源[10]。
235	地下水污染指数	地下水与环境	groundwater pollution index	地下水污染指数 groundwater pollution index	又称地下水污染指示物指标。指表示地下水被外来有害物质污染程度的综合度量。
				1)	分布范围广及对人体有害或者对地下水利用功能影响较大的水质综合评价因子[9]。
236	地下水物理性质	水化学-水文地球化学	physical properties of groundwater	地下水物理性质 physical properties of groundwater	指地下水中与物理状态或特性有关的所有要素的总和。包括地下水的密度、温度、透明度、颜色、味、嗅味、导电性、放射性等。
				1)	地下水的密度、温度、透明度、颜色、味、嗅味、

导电性、放射性等物理特性之总和[3, 4, 10]。

237	地下水系统	水文地质基础	groundwater system	地下水系统 groundwater system	指由具有空隙的岩石和赋存于岩石空隙中的水组成且包括含水系统和流动系统的水-岩统一体。
				1)	地下水系统是受环境因素（天然、人工）所制约的，具有不同等级，在时空分布上具有四维性质和各自的物理、化学和水动力特征的，不断运动演化、生长、消亡的地下水单元的统一体[11]。
				2)	地下水系统实际是由两个要素组成：一是具有空隙的岩石；二是赋存于岩石空隙中的水[10]。
238	地下水形成过程	水文地质基础	formation process of groundwater	地下水形成过程 formation process of groundwater	指不同来源的水进入到地表以下，使岩土中的水分、物质与信息量产生增加的一种地质过程。
				1)	一个含义很广泛的名词。它包括了地下水的补给、径流和排泄状况，地下水化学成分的形成，地下水形成的现状和历史过程等等[1,3]。
239	地下水严重超采区	地下水与环境	serious overexploitation area of groundwater	地下水严重超采区 serious overexploitation area of groundwater	指一定时期地下水的开采量远远超出了该区域的地下水自然恢复能力的含水层区域。
				1)	一定时间段内的地下水的开采量远远大于年或多年平均补给量的地区。如果继续严重破坏地下水采补平衡，将会导致地下水量不能恢复的地段[20]。
240	地下水硬度	水化学-水文地球化学	hardness of groundwater	地下水硬度 hardness of groundwater	指地下水中 Ca^{2+} 和 Mg^{2+} 的总数。
				1)	指水中 Ca^{2+}、Mg^{2+} 离子的总含量。水的硬度对生活及工业用水影响极大[1,3]。
241	地下水预测	预测评价类	groundwater prediction	地下水预测 groundwater prediction	指根据已知的水文地质参数用数学模型或经验分析判断某一范围内未来的水文地质参数变化的工作及结果。
242	地下水正（负）均衡	地下水动力学	groundwater positive (negative) equilibrium	地下水正（负）均衡 groundwater positive (negative) equilibrium	指在研究时段内含水层从外界获得的水量大于向外部输出的量，称为地下水正均衡，反之则为负均衡。
				1)	如果单位时间内收入项（补给）大于支出项（排泄），则当地的地下水总量（地下水资源）就增加，收支成正均衡。反之就减少，收支成负均衡[2]。
243	地下水指数补给模型	模型模式	recharging exponential model	地下水指数补给模型 recharging exponential model	指在非饱和带中渗透系数与深度的关系为指数关系形式的一种地下水补给方式。
				1)	指数模型（EM）：假定条件为基于含水层的渗透性随深度增大而减弱，地下水传输时间随深度呈指数分布的模型[5]。
244	地下水资源	地下水资源	groundwater resources	地下水资源 groundwater resources	指在现有技术和经济条件下含水层中能够被开采利用且不产生负面效应的水量。
				1)	指有利用价值的，本身又具有不断更替能力的各种地下水量的总称。储量的开采部分称为资源，资源不仅与储量有关，并受一定经济技术条件限制[2]。

				2）	含水层中具有利用价值的地下水水量[4]。
				3）	一个地区或一个含水层中，具有一定利用价值的地下水数量[1,3]。
245	地下水资源的统一管理	预测评价类	unified management of groundwater resources	地下水资源的统一管理 unified management of groundwater resources	指在法律法规或行政文书要求的框架下执行的地下水水质与水量开发利用方案。
				1）	根据不同水文地质条件，拟定合理的取水方案，包括地下水水源地选择、井的布局、井距以及水井结构和取水设备的选择等[2]。
246	地下水资源分布图	图形	map of groundwater resources	地下水资源分布图 map of groundwater resources	指反映一个地区有经济价值的地下水的质和量、分布特征和开采前景等要素的图件。
				1）	反映工作区有利用价值的地下水的补、径、排条件，地下水资源的分布规律以及开采前景的图件[4]。
247	地下水资源管理法规	预测评价类	rules of groundwater management	地下水资源管理法规 rules of groundwater management	指按科学利用和保护地下水资源原则制定的各种行政文书和法律法规的总称。
				1）	为使地下水资源免于枯竭、水质恶化，以及产生有害环境地质作用而制定的有关地下水资源保护和合理利用的法律、法令和规章制度[4]。
248	地下水资源管理模型	模型模式	management model of groundwater resources	地下水资源管理模型 management model of groundwater resources	指考虑生态、经济和长远发展目标的地下水开发方案的数学表达式组。
				1）	在地下水系统模拟模型基础上，根据系统工程学原理和优化技术所建立的，旨在寻求技术、经济、环境最佳目标条件下确定地下水最优开采方案的数学模型[4]。
249	地下水资源管理区	地下水资源	district of groundwater resources management	地下水资源管理区 district of groundwater resources management	指根据社会、经济和生态等价值目的，按照水文地质条件或行政区划所确定的不同大小、功能各异的地下水资源管理单元的范围。
				1）	根据水文地质条件或地下水资源科学管理需要所确定的地下水资源管理研究区的范围[4]。
250	地下水资源计算参数	参数	date used for groundwater resources calculation	地下水资源计算参数 date used for groundwater resources calculation	指地下水资源计算过程中需要的各种水文地质数据和气象水文数据总和。
				1）	参与地下水资源计算的各种水文地质数据[4]。
251	地下水资源均衡式	地下水资源	the equilibrium equation of groundwater resources	地下水资源的均衡式 the equilibrium equation of groundwater resources	指在一定时段内某一地区或含水层的地下水资源收支要素质量守恒表达式。
				1）	对于平面上面积已知、垂向由潜水面到含水层隔水底板所组成的空间来说，天然地下水资源均衡的方程式[2]。

252	地下水资源可持续性	地下水资源	groundwater resources sustainability	地下水资源可持续性 groundwater resources sustainability	指满足资源与环境功能的条件下含水层可连续供给水量的能力。
253	地下水资源模拟评价法	技术方法	simulation evaluation method of groundwater resources	地下水资源模拟评价法 simulation evaluation method of groundwater resources	指根据已有的一定范围的水资源量，按照相似原理类比相似区域或同一区域更大范围内的地下水资源量的过程及结果。
				1)	指利用地下水运动和其他物理现象的相似性来进行地下水资源评价的一种方法[2]。
254	地下水资源评价	预测评价类	groundwater resources evaluation	地下水资源评价 groundwater resources evaluation	指分析判断一定范围内地下水总量的多少和优劣的过程及成果。
				1)	在天然或人工条件下，对地下水水量及水质按一定目的或规则作出的定量评价[2]。
255	地下水资源人工调蓄	地下水资源	artificial regulation of groundwater resources	地下水资源人工调蓄 artificial regulation of groundwater resources	指利用包气带或人工地下空间进行丰水期储存，枯水期利用地下水的工作或工程。储存丰水期水资源的包气带称为蓄水层。
				1)	通过地下水人工补给、地下水库开发、地表地下水联合调度、地下水开采动态的人工控制，使含水层能在保持最佳开采动态条件下，提供更多的开采资源[4]。
256	地下水总矿化度	参数	degree of mineralization in groundwater	地下水总矿化度 degree of mineralization in groundwater	指地下水中在 110℃时不被蒸发的所有物质总和，量纲为[M/L^3]。
				1)	又称总矿化度，指地下水中所含各种离子、分子、化合物的总量。单位为[g/L][1, 3]。
257	地下微咸水	水化学-水文地球化学	brackish groundwater	地下微咸水 brackish groundwater	指 TDS 为 1.0～3.0g/L 的地下水。
				1)	总矿化度为 1.0～3.0g/L 的地下水[4]。
				2)	矿化度 $M = 1.0～3.0g/L$ 的地下水[1,3]。
258	地下咸水	水化学-水文地球化学	saline groundwater	地下咸水 saline groundwater	指 TDS 为 3.0～10.0g/L 的地下水。
				1)	总矿化度在 3.0～10.0g/L 的地下水[4]。
				2)	矿化度 $M = 3.0～10.0g/L$ 的地下水[1,3]。
259	地下盐水	水化学-水文地球化学	salt groundwater	地下盐水 salt groundwater	指 TDS 为 10.0～50.0g/L 的地下水。
				1)	总矿化度在 10.0～50.0g/L 的地下水[4]。
				2)	矿化度 $M = 10.0～50.0g/L$ 的地下水[1,3]。
260	地质构造	基础地质	geological structure	地质构造 geological structure	
				1)	指组成地壳岩石圈的岩层或岩体受力而产生的变位、变形痕迹[7]。

261	地质环境	水文地质基础	geological environment	地质环境 geological environment	指以人及其相关活动范围为核心的全部地质要素的总和。
				1)	指地壳上部包括岩石、地下水、天然气和微生物在内的多相系统[5][14]。
262	地质循环	水文地质基础	geological cycle	地质循环 geological cycle	指部分大气降水通过地表进入地球内部再回到地表之前的水分交换过程。
				1)	发生于大气圈到地幔之间的水分交换称为水的地质循环[11]。
263	地中蒸渗仪	技术方法	lysimeter	地中蒸渗仪 lysimeter	测量水文循环中的地表径流量、下渗量和地下径流量等的一种装置。一般设在室外空旷的观测场内或有控制装置的室内,可单个或成组、成套设置。
				1)	将研究区代表性岩性的原状土样装入若干个入渗皿中,用水位调整管分别控制不同地下水位埋藏深度,用接渗瓶计量入渗补给量,换算为年降水补给地下水量[11]。
264	第二类边界条件	地下水动力学	Neumann condition; the second boundary condition	第二类边界条件 Neumann condition; the second boundary condition	指纽曼模型中的已知流量的一类水文地质边界,称为第二类边界条件。
				1)	已知流量边界,也叫第二类边界条件[2]。
				2)	当知道某一部分边界单位面积上流入的流量时称为第二类边界条件或给定流量的边界[5]。
265	第二种保角变换法	地下水动力学	the second conformal transformation method	第二种保角变换法 the second conformal transformation method	指用于水平透水边界的垂直隔水边界和浸润曲线组成的潜流区计算确定部分土坝渗流和排灌渠渗流的一种数学变换方法。
				1)	主要用于由水平透水边界,垂直隔水边界和浸润曲线组成的潜流区。研究部分土坝渗流和排灌渠渗流时将采用这种方法[2]。
266	第三类边界	地下水动力学	the third boundary	第三类边界 the third boundary	又称混合边界。指给出了未知函数水头及其导数的线性组合关系的一类水文地质边界。
				1)	指给出了未知函数水头 H 及其导数的线性组合关系[5]。
267	第三种保角变换法	地下水动力学	the third conformal transformation method	第三种保角变换法 the third conformal transformation method	指有透水边界、隔水边界、浸润线和渗流段的潜流区的折线或曲线边界形状变换的数学计算方法。
				1)	主要适用于有一般的透水边界、隔水边界、浸润曲线和渗出段的渗流区,而且边界形状可以是折线或曲线的一种数学变换方法[2]。
268	第一种保角变换法	地下水动力学	the first conformal transformation method	第一种保角变换法 the first conformal transformation method	又称巴甫洛夫斯基法。指计算透水边界和隔水边界组成的承压渗流区坝基渗流量的一种数学变换方法。
				1)	适用于透水边界和隔水边界组成的承压渗流区研究坝基渗流时,采用的一种数学变换方法,也称巴甫洛夫斯基法[2]。

269	典型单元体（代表性单元体）	地下水动力学	typical element	典型单元体（代表性单元体）typical element	指渗流场中某一单元体内主要物理参数（如渗透系数、单位体积渗流量等）可以用于描述研究范围内全部体积的相同特征值且不会导致渗流场参数失真的一个单元。
				1)	渗流场中其物理量的平均值能够近似代替整个渗流场的特征值的代表性单元体积[5]。
270	点源	地下水动力学	point source	点源 point source	指渗透场中可用三维等速参数描述的某一组分的运动方式。
				1)	渗透水流从某点以一定强度呈放射状向四周流出，该点称为点源[4]。
271	点污染源	地下水与环境	point pollution source	点污染源 point pollution source	指相对于研究对象面积很小并有固定的初始排放范围的污染源。
				1)	排放形式为集中在一点或一个可当作一点的小范围内，多由管道收集后进行集中排放的污染源[7]。
272	电场模拟系统	模型模式	electric field simulation system	电场模拟系统 electric field simulation system	指利用电场物理量与渗流场相关参数具有线性比例关系的特点构建的渗流场电模拟系统。
				1)	渗流场与电场相应物理量的线性比例关系式，又称模拟系统[2]。
273	电导仪	技术方法	electric conductometer	电导仪 electric conductometer	指测定水的导电性能大小的一种仪器。
				1)	测定水的电导率的一种仪器。根据标准曲线推断水矿化度[1,3]。
274	电动力学修复技术	技术方法	electrokinetic remediation technology	电动力学修复技术 electrokinetic remediation technology	指利用某些污染组分在外加电场下加速运动的现象并促使这些组分转移出污染介质的一种技术方法。
				1)	是一种利用电梯度和水力梯度对污染物运移的影响，使这些化学物质在介质中发生迁移而被去除的方法[10]。
275	电负性	数理	electronegativity	电负性 electronegativity	
				1)	指一种原子与他种原子作用时得失电子的相对能力（或指原子在分子中吸引价电子的能力）[2]。
276	电极电位	数理	electrode potential	电极电位 electrode potential	
				1)	反映电极中氧化态和还原态物质得失电子能力的相对强弱的量[9]。
277	电模拟方法	数理	electrical analogy	电模拟方法 electrical analogy	指以电场中电位、电流、电导率和静电储量构成的微分方程解析渗透场中水头、流量、渗透速度和储存水量的过程及结果。
				1)	把渗流场中的地下水位（水头）、流量、含水层渗透系数及储存量与电场中的电位、电流、电导率及电容储存的静电量相对应，求相应微分方程解的方法[1,3]。
278	电迁移	数理	electromigration	电迁移 electromigration	指在外电场作用下水中带电荷的组分的运动现象。
				1)	指高度溶解的带电离子（包括碱金属、Pb、Hg、Cd、Cr、Zn 等重金属离子，以及 Cl^-、NO_3^-、PO_4^{3-} 等）

					在电场中的迁移，即孔隙水中的电解质运动[10]。
279	电子活度	数理	electronic activity	电子活度 electronic activity	
				1)	指反映电极中氧化态和还原态物质得失电子能力相对强弱的量[9]。
280	电阻容网络模拟	数理	resistance-capacitance network simulation	电阻容网络模拟 resistance-capacitance network simulation	指用电阻和电容组合的电系统研究含水层系统中渗透系数和流量等参数的一种方法。
				1)	根据相似原理用电阻、电容研究地下水渗流场的物理模拟方法[2]。
281	吊管井	工程类	hanging tube well	吊管井 hanging tube well	指井径较大，抽水设备可直接放入井中抽水的一类井。
				1)	又称大底井，是一种出水量大的混合型水井[1,3]。
282	叠加原理	地下水动力学	principal of superposition	叠加原理 principal of superposition	指在理想渗流场内的任一点的总水头变化值可用该场内全部的抽水井或注水井单井引起的水头变化值的代数和表示的一种数学模型方法。
				1)	速度势 φ 承压水头 H 和潜水水位的 h^2 满足线性微分方程。指在数个抽（注）水井同时工作的渗流场内任一点的总水头（水位）的变化值为各抽（注）水井单独工作引起的该点水头（水位）变化值的代数和[1,3]。
				2)	表述为：如 H_1、H_2、$\cdots$、H_n 是关于水头（H）的线性偏微分方程的特解，C_1、C_2、$\cdots$、C_n 为任意常数，则这些特解的线性组合仍是原方程的解[5]。
283	定降深抽水试验	技术方法	constant drawdown pumping test	定降深抽水试验 constant drawdown pumping test	指井中水位降深值固定，抽水量随时间变化的一种抽水试验。
				1)	抽水孔中水位降深固定为一常数，而流量随时间变化的非稳定流抽水试验[4]。
				2)	在非稳定流条件下，抽水整个过程中，井中的水位降低一直保持为一常数的抽水试验[1,3]。
284	定解条件	地下水动力学	definite condition	定解条件 definite condition	指解析地下水流动微分方程的假设条件、初始条件和边界条件总和。
				1)	微分方程的初始条件和边界条件的统称[3,4,10]。
285	定流量抽水试验	技术方法	constant-discharge pumping test	定流量抽水试验 constant-discharge pumping test	指抽水量值固定，水位降深值随时间变化的一种抽水试验。
				1)	抽水量固定，水位随时间变化的抽水试验[4]。
				2)	在非稳定流条件下，从抽水开始就使抽水井的流量保持为一常数的抽水试验[1,3]。
286	动储量	地下水资源	dynamic reserve	动储量 dynamic reserve	指一地区一个水文年内含水层水位变化带内的地下水的总量。
				1)	地下水流的断面流量，单位一般为[m³/d]，相当于天然资源中的侧向地下径流流入量[1,3]。
				2)	指通过含水层某一断面上的地下水天然流量[2]。
287	动水位	地下水动力学	dynamic water level	动水位 dynamic water level	指抽水过程中随抽水量变化的地下水位。

				1）	抽水试验过程中，钻孔内某一时刻的水位[4]。
				2）	在井、孔中抽水时，用人工控制的，井孔内地下水的变动水位[1,3]。
288	冻结层间水	水文地质基础	interpermafrost water	冻结层间水 interpermafrost water	指赋存在多年冻土层中的液态或固态水的总称。
				1）	俗称"腰水"，系埋藏于多年冻土层中的地下水[1,3]。
289	冻结层下水	水文地质基础	infrapermafrost water	冻结层下水 infrapermafrost water	指赋存在多年冻土层之下的各类地下水的总称。
				1）	俗称"底水"，是分布于多年冻土层下含水层中的水温高于0℃的常年液态水[1,3]。
290	冻结层上水	水文地质基础	suprapermafrost water	冻结层上水 suprapermafrost water	指赋存于以多年冻结层为隔水层底板的含水层中的地下水。具有可流动性和可冻结性。
				1）	俗称"浮水"，多年冻土层上部融冻层中的地下水[1,3]。
291	冻结滞水	水文地质基础	superpermafrost water	冻结滞水 superpermafrost water	指赋存于季节冻结带中的地下水。
				1）	季节性冻结区在充气带上部冻结层中聚积的地下水[1,3]。
292	冻结滞水返盐作用	水化学-水文地球化学	effect of accumulation of salt in the surface soil because of the water detained by freezing	冻结滞水返盐作用 effect of accumulation of salt in the surface soil because of the water detained by freezing	指在解冻期，冻结滞水分异面以上的土壤水中可溶盐因水分蒸发而发生相对浓缩的现象或过程。
				1）	冻结滞水分异面以上的可溶盐在解冻期随冻结滞水蒸发而向土壤表层聚积的一种作用[1,3]。
293	冻结滞水分异面	水文地质基础	the dividing surface of water detained by freezing	冻结滞水分异面 the dividing surface of water detained by freezing	指解冻期冻结滞水层中水和可溶盐向上和向下分异的分界面。
				1）	解冻期冻结滞水层中水和可溶盐向上和向下分异运行的分界面[1,3]。
294	断层	基础地质	fault	断层 fault	
				1）	岩层或岩体中的一个或一组破裂面，沿破裂面两侧的岩层或岩体发生有显著的位移[1]。
				2）	断层是岩块间的一种不连续面，岩块在平行于不连续面的方向上发生相对位移[1]。
				3）	岩层或岩体受力破裂后，沿破裂面两侧岩块发生了显著的位移，这种断裂构造叫断层[7]。
295	断层含水带	水文地质基础	fault water-bearing zone	断层含水带 fault water-bearing zone	指赋存有地下水的断层及断层裂隙范围。
				1）	由断层破碎带构成，其富水性非常不均匀[2]。
296	断层泉	水文地质基础	fault spring	断层泉 fault	指断裂带或断层处的地下水露头。

				spring
			1）	承压含水层被断层所切，地下水在水压作用下，沿断裂上升至地面而形成的上升泉[1,3]。
297	断层透水边界	水文地质基础	fault permeable boundary	断层透水边界 fault permeable boundary	指开启的且让水能流动的断层分布区。
298	断层蓄水构造	水文地质基础	fault impoundment structure	断层蓄水构造 fault impoundment structure	指能蓄水的开性断层构造。
				1）	断层蓄水构造就是以断层破碎带为含水空间条件，以断层两盘的岩石作为相对隔水边界，在适宜的补给条件下能够富集和储藏地下水的断层构造[2]。
299	断裂（构造）	基础地质	fracturing structure	断裂（构造）fracturing structure	
				1）	断裂就是岩石的破碎现象，它起因于应力作用下的机械破坏，使岩体丧失其连续性和完整性，而不涉及其任何破碎部分是否发生过位移。断裂包括裂隙、节理和断层等[1]。
				2）	岩石瞬息间丧失内聚力或丧失对不同应力的抵抗力以及释放其储积的弹性能力的变形。此定义用于实验构造地质学[1]。
				3）	岩体、岩层受力后发生变形，当所受的力超过岩石本身的强度时，岩石的连续完整性就会破坏，形成断裂构造。断裂构造包括节理和断层[7]。
300	断裂含水带	水文地质基础	water bearing fracture zone	断裂含水带 water bearing fracture zone	指以断裂带裂隙为主的带状地下水分布区域。
				1）	含水的断裂破碎带。由于构造断裂造成岩石破碎，透水性增大，常能积聚地下水或成为地下水流的通道[1,3]。
301	断裂突水	工程类	water bursting from fault	断裂突水 water bursting from fault	指工程中揭露的断层导致大量地下水涌入作业面的水文现象。
				1）	采掘过程中，揭露到导水断裂带时所引起的突水现象[4]。
302	对立	数理	opposition	对立 opposition	
				1）	如果事件 A 与 B 互斥，又在每次试验中不是出现 A 就是出现 B，即 $A \cap B = \emptyset$ 且 $A \cup B = \Omega$，那么称 B 为 A 的对立事件，记作 $B = \overline{A}$[8]。
303	对流	地下水动力学	convection	对流 convection	指地下水流中因浓度或温度不同而导致的溶质从高浓度（温）区向低浓度（温）区分散的现象。
				1）	这是一种溶质随着水流一起运移的运动。强结合水和孔角结合水不参与流动[5]。
				2）	地下水整体运动所引起的溶质运动[10]。
304	对流扩散	地下水动力学	convection diffusion	对流扩散 convection diffusion	指地下水流体中某组分由高浓度区向低浓度区分散的一种传播现象。
				1）	指污染物质点在含水层中以地下水平均实际流速（又称平均流速）传播的现象[10]。

305	多孔抽水试验	地下水动力学	multipe wells pumping test	多孔抽水试验 multipe wells pumping test	指一个或多个主孔抽水且有一个或多个水位观测孔获取含水层渗透系数（K）或其他水文地质参数的工作及结果。
				1)	在抽水孔（组）周围配置若干个观测孔的抽水试验[4]。
				2)	由一个抽水孔和若干个观测孔组成的抽水试验[1,3]。
306	多孔介质	地下水动力学	porous medium	多孔介质 porous medium	指空隙之间或局部呈相互连通状态的岩土体。
				1)	在地下水动力学中，把具有孔隙的岩石称为多孔介质[5]。
				2)	赋存流体且流体可在其中运动的孔隙和裂隙岩层，也包括一些岩溶化比较均匀的岩层[3,4,10]。
307	多相流	地下水动力学	multiphase flow	多相流 multiphase flow	指同时存在一种及以上气相又存在一种及以上液相的渗流。
				1)	在渗流场内同时并存的两种或两种以上不混合流体的流动[4]。
				2)	两种或两种以上不混合的流体在渗流区内同时发生流动[1,3]。
308	DRASTIC模型	模型模式	DRASTIC model	DRASTIC模型 DRASTIC model	指用地下水位埋深、补给量、含水层类型、土壤类型、地形条件、包气带性质和水力传导系数等参数评价含水层脆弱性的一种数学表达式。
				1)	DRASTIC模型是评价地下水脆弱性的一种方法。该方法考虑以下 7 个指标：地下水位埋深（D）、净补给量（R）、含水介质（A）、土壤带介质（S）、地形（T）、包气带介质（I）以及水力传导系数（C）。每个指标的大写字母组合在一起即为DRASTIC，因此称这种模型为DRASTIC模型[10]。

E

309	二级污水处理	地下水与环境	secondary sewage treatment	二级污水处理 secondary sewage treatment	指能去除溶解或悬浮状态有机物的一种污水生物化学处理方法。
				1)	使一级处理污水通过有活性污泥的曝气池等方法进行生化处理，且除去呈溶解或悬浮状态的有机物，这种污水称为二级处理污水[2]。
310	二维流	地下水动力学	two-dimensional flow	二维流 two-dimensional flow	指在某一坐标系统中，在两个维度方向存在流动分量的渗流。
				1)	渗流的一种类型，其特点是渗流要素（水位、流速等）随两个坐标变化，即渗流场内水流速度向量可分为两个分量，所有的流线都与某一固定平面平行，与此平面正交的分速度等于零。所以它又称平面运动[1,3]。

F

311	反向地球化学模拟	模型模式	reverse geochemical simulation	反向地球化学模拟 reverse geochemical simulation	指依据地下水系统中化学或同位素组分，通过水文地球化学作用（如热力学方法）计算确定该系统形成当前组分特征需要的各种物理和化学的初始条件的过程及结果。
				1)	指根据地下水的化学和同位素组成，反推地下水系统中发生的地球化学反应和矿物及气体的迁移量的一类热力学计算方法。反向地球化学模拟用于解释天然的（或污染的）水中观察到的化学和同位素演化，而不是去预测未来的化学和同位素组成[10]。

312	反硝化作用	水化学-水文地球化学	denitrification	反硝化作用 denitrification	指 NO_3^- 或 NO_2^- 中的 N，被还原成低价态、零价态或还原价态的过程。
				1)	在反硝化细菌存在的还原环境里，NO_3-N 可还原为 N_2 和 N_2O，这种转变称为反硝化作用[2]。
313	反演模拟	模型模式	inverse modeling	反演模拟 inverse modeling	指利用抽水试验数据，采用物理或数值方法求解或验证相关水文地质参数以及水文地质边界的过程及成果。
				1)	根据水文地质计算任务，进行大面积地下水资源评价时，一般情况下先根据已有的勘测和试验资料，概化出当地水文地质模型，组装电网络模拟模型，利用抽水试验资料进行反求参数及验证边界（包括验证补给、排泄边界），称为反演模拟[2]。
314	反应路径计算	模型模式	reactive-path calculation	反应路径计算 reactive-path calculation	指以热力学原理和化学反应方程计算地下水中各组分在地质过程中可能的化学作用及反应物质量。
				1)	定义反应的边界，计算随反应进行过程中的质量转移[10]。
315	反应性矿物	水化学-水文地球化学	reactive minerals	反应性矿物 reactive minerals	指能与地下水中组分发生水文地球化学作用的矿物。
				1)	地下水系统中的反应性矿物是指在含水层中合理的滞留时间范围内能够发生较大量的溶解或从地下水中沉淀出来的矿物[9]。
316	反应性渗透墙技术	水化学-水文地球化学	reactive permeable wall technology	反应性渗透墙技术 reactive permeable wall technology	指能让地下水通过且能截留或去除其中有害组分的一种人工构筑物技术。
				1)	是一种原地处理技术。含反应物的渗透墙横断于污染物羽状流束的流径上，当被污染的水流经墙体，污染物或被去除，或被降解，污染被清除后的水向下游流动[10]。
317	反应性运移	地下水动力学	reactive transport	反应性运移 reactive transport	指地下水中的组分通过化学反应发生移动的现象。
				1)	质量运动过程，并由物质在相态间的转移，通常指水流或地下水流动过程中同时发生地球化学反应[10]。
318	方差分析	数理	variance analysis	方差分析 variance analysis	
				1)	分析试验（或观测）数据的一种方法，它所要解决的基本问题是通过数据的分析，弄清与研究对象有关的各个因素以及各个因素之间交互作用对该对象的影响。它所研究的对象都假定遵从正态分布[8]。
319	防病改水试验法	技术方法	change the water test method for disease prevention	防病改水试验法 change the water test method for disease prevention	指通过改换地下水水源地或对已有水源地进行相关的水质改造，降低地方性疾病发生率的工作及结果。
				1)	是通过改换水源或改良水质以达到防病的目的[2]。
320	放射性地下水	水文地质基础	radioactive groundwater	放射性地下水 radioactive groundwater	指含有放射性元素或组分的地下水。
				1)	含放射性元素的地下水。酸性火成岩地区，特别是

				放射性元素矿床地区的地下水常含有一定数量的放射性元素[1,3]。
			2)	氡含量大于 111Bq/L 或镭含量大于 1×10^{-10}g/L 或铀含量大于 1×10^{-5}g/L 的地下水[4]。
321	放射性示踪测井	工程类	radioactive tracer logging	放射性示踪测井 radioactive tracer logging	指将放射性同位素投入天然流场或人工流场中的钻孔内,以测定含水层的流速流向等水文地质参数的一种方法。
				1)	在钻孔中,利用放射性同位素作为示踪元素,以达到划分渗透性地层,研究地下水运动特征和油层动态,检查钻孔技术情况和水压裂效果等的一种放射性测井方法[4]。
				2)	在钻孔中,利用放射性同位素作为示踪原子,以达到划分渗透性地层,研究地下水运动特点和油层动态,检查钻孔技术情况和水力压裂效果等一整套方法,统称为放射性同位素测井[1]。
322	放射性水文地质学	水文地质基础	radiohydrogeology	放射性水文地质学 radiohydrogeology	指用化学原理方法研究放射性元素水-岩作用的一门水文地质学分支学科。
				1)	水文地质学的一个分支。是研究地下水中放射性元素(铀、镭、氡等)的富集和运移、自然界中放射性水的形成和分布的学科,根据地下水中的放射性元素的异常含量,可以寻找放射性矿水和放射性元素的固体矿床[1,3]。
323	放射性同位素	水化学-水文地球化学	radioactive isotope	放射性同位素 radioactive isotope	质子数相同中子数不同的原子,互称同位素。不稳定能自行衰变后产生放射性射线的同位素称为"放射性同位素"。
				1)	不稳定,能自行衰变,转变为另一种元素的同位素[1]。
324	放射性找水法	技术方法	radioactive method for groundwater search	放射性找水法 radioactive method for groundwater search	指运用放射性物质衰变原理寻找地下松散区域或开启裂隙,以间接推断含水层或含水构造的一种方法。
				1)	利用放射性物质的 γ 射线或 α 射线进行地质勘查和寻找地下水的方法[4]。
325	非饱和渗透系数	参数	unsaturated hydraulic conductivity	非饱和渗透系数 unsaturated hydraulic conductivity	指在非饱和带内地下水的流动速度,量纲为[L/T]。
				1)	又称有效水力传导系数或毛管传导系数,在非饱和水流运动条件下多孔介质的渗透系数。它是非饱和土容积含水量 ω 的函数,是一个变量。由于在非饱和土中,空气占据了一部分孔隙,使水流的过水断面相应减小,水流运移的轨迹更加弯曲。因此,非饱和渗透系数 $K(\omega)$ 总是小于饱和的渗透系数 K[1,3]。
326	非饱和水流扩散系数	地下水动力学	diffusivity of unsaturated flow	非饱和水流扩散系数 diffusivity of unsaturated flow	指非饱和带地下水中某一组分单位时间的扩散速度。
				1)	非饱和水流垂向运移时,达西定律可写成:$V = K-(\omega)\left[\dfrac{\partial h_c}{\partial s}+1\right]$ 或 $V = -D(\omega)\dfrac{\partial \omega}{\partial s}-K(\omega)$

$$D(\omega) = \frac{K(\omega)}{C(\omega)} \ \text{或} \ D(\omega) = K(\omega)\frac{\partial h_c}{\partial \omega}$$

式中，V 为水流速度；ω 为土壤含水量；h_c 为毛管压力水头；s 为运移距离；$K(\omega)$ 为非饱和渗透系数；$C(\omega)$ 为单位容水度；$D(\omega)$ 为非饱和水流扩散系数，它为非饱和渗透系数 $K(\omega)$ 与单位容水度 $C(\omega)$ 的比值，表示在单位含水量梯度下，通过单位面积的非饱和水流量，为与土壤含水量 ω 有关的函数。其在数学意义上同热扩散系数和含水层扩散系数（即压力传导系数）等相似，量纲为$[L^2/T]$[1,3]。

327	非地带性水文地球化学环境	水化学-水文地球化学	non-zonal hydrogeochemical environment	非地带性水文地球化学环境 non-zonal hydrogeochemical environment	指水文地球化学特征与地理位置关系不显著的一类地质环境。
				1）	在自然界有些局部的水文地球化学环境不受地理纬度分带的影响[2]。
328	非均匀流	地下水动力学	nonuniform flow	非均匀流 nonuniform flow	指地下水流速随时间和含水层厚度变化的一种地下水流状态。
				1）	流速的大小或水流厚度沿流程变化的水流[4]。
				2）	地下水的流速大小或水流厚度沿流程改变的流动[1,3]。
329	非均质含水层	水文地质基础	non-homogeneous aquifer	非均质含水层 non-homogeneous aquifer	指渗透性随含水层空间变化而变化的含水层。
				1）	自然界的含水层大多是非均质含水层，即渗透性在空间是变化的，或者沿着水平方向上变化，或者沿着垂直方向上变化，有渐变也有突变，形式是十分复杂的。同时对于含水层中任一点来说，可以是各向同性或各向异性。为了便于研究计算，常常把变化不十分大的非均质含水层视为均质含水层或宏观均质含水层，或对含水层非均质性按一定数量级进行分块，每一块又把它视为均质含水层来处理[2]。
330	非均质介质	水文地质基础	inhomogeneous medium	非均质介质 inhomogeneous medium	指水理性质与热传导性能随含水层空间变化的介质。
				1）	指多孔介质的某一性质（如渗透系数、导水系数或导热性等）随点的空间位置（坐标）而变化，在多孔介质中的不同部位渗透系数等参数均有差异[1,3]。
331	非连续介质方法	地下水动力学	non-continuum method	非连续介质方法 non-continuum method	指一种根据实际导水裂隙计算裂隙网络内任意一点的水头、孔隙水压力、渗透速度和流量等参数的裂隙渗流计算方法。
				1）	对裂隙网络中每条具有实际导水意义的裂隙进行精确描述，包括每条裂隙的宽度、延伸长度、方向、位置等。然后，采用二维或三维裂隙网络渗流模型通过数值方法求解渗流问题。可以准确计算出裂隙网络内任意一点的水头、水压力等，是研究裂隙渗流的一种比较理想的方法[11]。
332	非全等溶解	水化学-水文地球化学	incongruent dissolution	非全等溶解 incongruent dissolution	指矿物在水中溶解并有新物质形成导致水中溶解组分比例与原矿物各组分比例不一致的溶解现象。
				1）	当地下水流动过程中，可发生一种矿物溶解、同时又有另一种矿物沉淀的情况叫作非全等溶解[9]。
				2）	矿物与水接触产生溶解反应时，其反应产物除了溶

				解组分外，还有新生成的一种或多种矿物或非晶质固体组分，这种反应称非全等溶解[10]。
333	非水相液体	地下水与环境	nonaqueous phase liquids （NAPLs）	非水相液体 nonaqueous phase liquids （NAPLs）	指不溶于水的所有液态物质的总称。
				1）	从储油罐中流出的液体仅仅只有少量可溶，它们与水接触时形成一个单独的液面。这类污染物为非水相液体，简称 NAPLs[5]。
334	非完整井	工程类	partially penetrating well；well of partial penetration	非完整井 partially penetrating well；well of partial penetration	指深度未到达含水层底部，仅在井底和部分含水层厚度上出水的水井或钻孔。
				1）	水井没有贯穿整个含水层，只有井底和（或）含水层的部分厚度上能进水，则称为不完整井[5]。
				2）	未揭穿整个含水层或进水部分仅揭穿部分含水层的井[4]。
				3）	没有打穿整个含水层，或仅在含水层部分厚度上有进水井壁的井[1,3]。
335	非稳定流抽水试验	地下水动力学	unsteady flow pumping test	非稳定流抽水试验 unsteady flow pumping test	指抽水量或水位降深中某一个或多个参数均随抽水时间变化而变化的一类抽水试验。
				1）	在抽水钻孔中，一般仅保持抽水量固定观测地下水位变化或保持水位降深固定，观测抽水量和含水层中地下水位变化的抽水试验。可分为定流量抽水试验和定降深抽水试验[4]。
				2）	在抽水钻孔中仅保持水量稳定并使水位不断改变，或仅保持水位稳定使水量不断改变的抽水试验[1,3]。
336	非稳定流干扰井近似计算法	技术方法	approximate calculation of unsteady flow with interfering wells	非稳定流干扰井近似计算法 approximate calculation of unsteady flow with interfering wells	指依据叠加原理，通过单井和多井抽水试验成果得到简易水位-时间关系公式，推算设计开采中的某一时段水位降深值的一种数学方法。
				1）	是根据承压水井单独和干扰抽水时的非稳定井流公式和水位叠加原理推导出的简易水位计算公式，去计算水井在设计开采期末刻水位降深值的近似计算方法[4]。
337	非稳定型水源地	水文地质基础	unstable water source	非稳定型水源地 unstable water source	指抽水量大于补给量且开采降落漏斗不断扩大的一类供水水源地。
				1）	当补给条件差，增加的天然补给量和减少的天然排泄量不能抵偿开采量时，则需长期消耗储存量，这时，随着开采地下水位持续下降，降落漏斗不断扩大，形成非稳定型水源地[2]。
338	非线性规划法	技术方法	non-linear programming method	非线性规划法 non-linear programming method	指用非线性数学方程对地下水资源开采管理的过程及结果。
				1）	指在建立地下水资源管理模型时，目标函数与约束条件中有一个或多个为非线性的优化方法[4]。

339	非线性渗透定律	技术方法	nonlinear seepage law	非线性渗透定律 nonlinear seepage law	指雷诺数超过一定阈值后，地下水渗透速度与水头差为非线性关系的流动定律。
				1)	又称福希海默定律。当地下水渗透速度较大，雷诺数超过一定界限（1~11）时，地下水运动开始偏离达西定律[1,3]。
340	分布参数模型	模型模式	distributed parameter model	分布参数模型 distributed parameter model	指用于描述与空间坐标相关的地下水系统特征和动态参数时间变化的数学表达式。
				1)	指描述地下水系统特征和动态的参数随空间坐标而变化的地下水数学模型[4]。
				2)	描述系统特征、动态随空间坐标变化的模型，通常是指由流体力学定律和原理导出的多孔介质中渗流的微分方程所描述的数学模型，根据初始条件和边界条件可求解方程，得出系统特征、动态与空间坐标和时间变量的关系式或数值解[1,3]。
341	分层抽水试验	技术方法	separate-interval pumping test	分层抽水试验 separate-interval pumping test	指对同一钻孔或井中多个含水层中的各单独含水层分别抽水试验的过程及结果。
				1)	将抽水目的含水层与其他含水层隔离，分别进行抽水和观测的试验[4]。
342	分解因子法	数理	factorization method	分解因子法 factorization method	
				1)	把一个方程组分解为容易求解的两个三角形方程组，先按初值求出过渡解 y_i，再按 y_i 解出时段末刻的真正解 $h_i(t)$，用解值代替初值，重复两步过程，又可求出新的解值。如此类推，按时间水平形成一层一层的求解过程，直到指定时间水平为止[2]。
343	分配系数	参数	partition coefficient	分配系数 partition coefficient	指一定量的某一组分进入含水层后，该组分在含水层骨架中的量与地下水中的量的比值。
				1)	反映了溶液中 B 离子与 A 的含量之比与吸附剂表面 B 与 A 的质量分数之比之间的相对关系[9]。
				2)	描述污染物在含水介质与水相之间分布情况的最常用的参数。它被定义为被吸附的污染物浓度与水中污染物浓度间的比率：$K_d = C_a / \rho_1$。式中，K_d 为分配系数（等温吸附线的斜率，单位为[mL/g]）；C_a 为被吸附污染物含量（污染物质量/土壤质量，单位为[μg/g]）；ρ_1 为水中污染物质量浓度（污染物质量/溶液体积，单位为[μg/mL]）[10]。
344	分散质	水化学-水文地球化学	dispersive substance	分散质 dispersive substance	指不溶于地下水中又以分子集合体或粒子集合体混合于地下水中的物质。
				1)	分散质是分子的集合体或离子的集合体，具有浑浊、不稳定等宏观特征。
345	分水岭	水文地质基础	water divide	分水岭 water divide	指相邻两个流域之间的带状高地区域。
				1)	相邻两个流域之间的山岭和高地[1]。
346	分水线	水文地质基础	divide line	分水线 divide line	指集水区周围最高点的连线。有地面分水线和地下分水线，前者是汇集地表水的界线，后者是汇集地下水的界线。
				1)	相邻流域间的分界线[1]。

347	分项污染指数	参数	sub-industrial pollution index	分项污染指数 sub-industrial pollution index	指地下水中某一污染物实测浓度与污染评价标准值的比值。
				1)	指污染物在地下水中的实测浓度与评价标准的允许值之比[10]。
348	分子扩散	水化学-水文地球化学	molecular diffusion	分子扩散 molecular diffusion	指地下水的某分子组分从高浓度区域向低浓度区域运移的现象。
				1)	由于液体中所含溶质的浓度不均一而引起的一种物质运移现象[5]。
				2)	由于示踪剂浓度分布的不均匀性而引起的弥散。
				3)	静止水体中的溶质在溶液浓度梯度的作用下,从浓度高处向浓度低处的运移现象[1,3]。
				4)	分子扩散是物质在物理化学作用下,由浓度不一引起的物质运动现象,它是由不均一向均一发展的过程[10]。
349	分子扩散通量	水化学-水文地球化学	molecular diffusion flux	分子扩散通量 molecular diffusion flux	又称扩散通量。指单位时间内溶质分子扩散通过单位面积的溶质质量。
				1)	由于分子扩散在单位时间内通过单位面积的溶质质量[5]。
350	分子扩散系数	参数	coefficient of molecular diffusion	分子扩散系数 coefficient of molecular diffusion	指某一分子在单位浓度梯度下的扩散速度。
				1)	表征在多孔介质中分子扩散作用下溶质运移能力的指标。多孔介质中的分子扩散系数 $D_m = \lambda_1 n D_0$,式中 D_0 为溶液中的分子扩散系数,其值等于单位溶质浓度梯度条件下溶质分子在浓度梯度方向上的扩散速度;n 为多孔介质的孔隙度;λ_1 为介质中孔隙通道弯曲率系数[4]。
				2)	参见"分子扩散3)"[1,3]。
351	丰水期	地下水资源	abundant water period	丰水期 abundant water period	指某地区一个水文年内单月降水量与总降水量分别显著高于其他连续时段的单月降水量与总降水量的时段。
352	风成地貌	基础地质	aeolian landform	风成地貌 aeolian landform	指由风力对原有地形侵蚀及对表面物质搬运、堆积后形成的地貌总称。
				1)	主要发育在干旱和半干旱区受风力作用形成的各种吹蚀和堆积地貌[1]。
353	风化带	基础地质	belt; zone of weathering	风化带 belt; zone of weathering	指地壳表层由风化作用形成的松散或全风化-微风化区间到新鲜岩石表面的带状范围。
354	风化带孔隙水	水文地质基础	pore water in weathered rock	风化带孔隙水 pore water in weathered rock	指风化程度较高的岩体中的颗粒间呈现三维度近似相等的风化空隙中充满水的风化带中的水。
355	风化带裂隙水	水文地质基础	fissure water in zone of weathering	风化带裂隙水 fissure water in zone of weathering	指赋存于风化带裂隙中的地下水。

				1）	山区或丘陵区基岩风化带中的裂隙水[1,3]。
356	风化壳	基础地质	crust of weathering	风化壳 crust of weathering	指出露地表的地层或岩体，经过一定时期风化剥蚀形成的表层壳状地质体。
				1）	地壳基岩被风化的表层[1]。
				2）	残积物和经生物风化作用形成的土壤在陆地上形成一层不连续的薄壳（层）[7]。
357	风化壳蓄水构造	水文地质基础	weathering crust storage structure	风化壳蓄水构造 weathering crust storage structure	指风化壳中能够蓄积且不能自然流出的地下水低洼区域。
				1）	以基岩风化带为含水带，以其下面未风化的不透水岩石为底部隔水边界而构成的蓄水构造[2]。
358	风化裂隙	水文地质基础	weathering fissure	风化裂隙 weathering fissure	指由风化作用形成的二维方向不连续的结构面。
				1）	在成岩裂隙、构造裂隙或其他脆弱结构面进一步风化而形成的裂隙[11]。
				2）	指岩石受风化作用形成的裂隙。岩石风化时，一方面使岩石原有的成岩裂隙发展扩大，另一方面沿着岩石中隐蔽的脆弱结构面产生新的裂隙[2]。
359	风化裂隙含水带	水文地质基础	weathered fissure aquifer	风化裂隙含水带 weathered fissure aquifer	指充满地下水的带状风化裂隙区域。
				1）	由于风化裂隙呈不规则的网状互相连通，所以一般是导水的。风化带暴露在地表，有利于降水补给，在适宜的地形条件下可以形成似层状的含水带，但其富水性一般并不很大[2]。
360	风化裂隙水	水文地质基础	weathering fracture water	风化裂隙水 weathering fracture water	指赋存于风化带空隙中的水。
				1）	暴露于地表的岩石，在温度和水、空气、生物等风化营力作用下，形成风化裂隙。赋存于其中的裂隙水称为风化裂隙水[11]。
				2）	岩石风化裂隙带中的地下水[4]。
				3）	埋藏在各种基岩的风化带里，含水层为似层状，呈面状分布，其上面一般没有连续分布的隔水层，属于孔隙-裂隙型潜水或裂隙潜水[2]。
361	风化作用	水化学-水文地球化学	weathering	风化作用 weathering	指自然营力（水、风、生物、太阳等）对岩石结构和矿物组分破坏的过程。
				1）	把岩石在水、空气、太阳能及生物作用和影响下发生破坏的作用称为风化作用[9]。
362	风险	数理	risk	风险 risk	指存在危害行为或潜在的灾害时遭受损失、损害或破坏的可能性。
				1）	指当存在危害性行为时遭受损失、损害和破坏的可能性[10]。
363	伏流	水文地质基础	subterranean stream; underground stream	伏流 subterranean stream; underground stream	指地表水进入地下直至再次出露地表的一段流程。
				1）	地表河流经过地下的潜流段。岩溶地区的伏流，一般有较明显的进口和出口[1,3]。

364	辐射井	工程类	radial wells	辐射井 radial wells	指在井径周围分布有近似水平出水横管的大口井。
				1)	一种带有辐射横管的大井[1,3]。
				2)	带有横向辐射滤水管的大口井。大口井主要用于储水，在井底或井壁向含水层中打入一层或数层辐射状分布的滤水管，以扩大水井的进水断面，增加水井出水量[4]。
365	腐蚀作用	水化学-水文地球化学	corroding process	腐蚀作用 corroding process	指地下水中含有强氧化或强还原物质或特殊组分时对人工设施的化学破坏过程。
				1)	铁质材料可因水中的氢置换铁，或溶解氧氧化产生铁锈、或 CO_2 和 H_2S 以及重金属硫酸盐的电化学作用，使铁放出电荷等而遭受腐蚀损坏的过程[4]。
				2)	由于地下水中氢离子置换铁，使铁离子溶于水中，从而使钢铁材料受到腐蚀的作用。溶解于水中的 O_2、CO_2、H_2S 也可以成为腐蚀作用的因素。一般氢离子浓度较高（pH＜7）的酸性水都有腐蚀性[1,3]。
366	负均衡	地下水资源	negative balance	负均衡 negative balance	指在一个水文年内，地下水总补给量小于总排泄量的一类水均衡。
				1)	某一均衡期内，总补给量小于总消耗量时的水均衡[4]。
				2)	当地下水补给量小于消耗量时称负均衡，即计算期内水量减少、水位下降[1,3]。
				3)	如果单位时间内收入项（补给）小于支出项（排泄），则当地的地下水总量（地下水资源）就减少，收支成负均衡[2]。
367	附加表面压强	地下水动力学	additional surface pressure	附加表面压强 additional surface pressure	又称毛细压强。指由表面张力引起的弯曲液面对液面以内的液体产生的压强，量纲为$[ML^{-1}/T^2]$。
				1)	由于表面张力的作用，弯曲的液面对液体以内的液体产生附加表面压强，这一附加表面压强总是指向液体表面的曲率中心方向[11]。
368	附着作用	水化学-水文地球化学	adhesive action	附着作用 adhesive action	指在物理化学作用下黏附在物体表面的物质不再脱落的现象。
				1)	已经到达滤料表面的颗粒在物理化学的作用下使其黏附于滤料表面上不再脱落而从水中除去，这就是附着作用[10]。
369	富水系数	水文地质基础	coefficient of water content	富水系数 coefficient of water content	指某区域内一定时间从矿井中排出的水量与同一时间内开采煤量的比值。
370	富水系数比拟法	技术方法	analogy method with coefficient of water content	富水系数比拟法 analogy method with coefficient of water content	指利用富水系数估算出类似条件的新矿井或矿坑涌水量的过程及结果。
				1)	用已勘探或开采矿床实测的富水系数值，近似地估计条件类似新设计矿井或矿坑涌水量的方法[4]。
371	富水性	水文地质基础	water yield property	富水性 water yield property	指衡量含水层的含水量或产水量的一个指标。
				1)	含水层的水量丰富程度。一般以规定某一口径的井孔最大涌水量表示[1,3]。
372	富水岩性	水文地质基础	property of rich water	富水岩性 property of rich	指岩土体含水量高且释出的水量明显多于相邻其他

			rock	water rock	岩土体的属性。

G

373	盖层	地下热水资源	cover	盖层 cover	指含水层或热储层之上覆盖的岩层。
				1)	覆盖在热储层之上的不透水或弱透水岩层的总称[14]。
374	概率误差	数理	probable error	概率误差 probable error	
				1)	它是这样一个数,绝对值比它大的误差和绝对值比它小的误差出现的可能性一样大。将误差按绝对值的大小顺序排列后,序列的中位数就是概率误差[8]。
375	干涸残渣	水化学-水文地球化学	dry residue	干涸残渣 dry residue	指表示地下水的总矿化度的数值指标。数值上等于 1L 水中经足够的 1%碳酸钠溶液处理后在 180℃恒温下烘干的残渣量减去添加的碳酸钠干质量后的数量。
				1)	经 1%碳酸钠溶液处理的地下水,在 180℃恒温上焙干后(扣除碳酸钠的焙干量)的固体残余物的重量,量纲为[M/L³][1,3]。
376	干扰井	工程类	interference wells	干扰井 interference wells	指抽水时相互影响抽水量和降深的两口或两口以上的井,互称干扰井。
				1)	井间距小于两井的影响半径之和,在同时抽水时,各井的水位和流量会发生相互干扰的井[1,3]。
377	干扰井出水量	地下水动力学	yield from interference wells	干扰井出水量 yield from interference wells	指在没有引起负效应时井群同时抽水中的某一口井的最大量。
				1)	两口以上水井同时抽水且井间水位发生干扰时的水井出水量[4]。
378	干扰井群抽水	地下水动力学	interfere with the group of pumping well	干扰井群抽水 interfere with the group of pumping well	指一个或多个含水层有两个或两个以上的钻孔或井的总水位和水量存在相互影响的取水方式。
				1)	由于井群中各井之间的距离小于影响半径,在抽水过程中降深和流量会发生干扰。一般情况下,干扰井的降深大于同样流量未发生干扰时的水位降深[5]。
379	干扰孔抽水试验(群孔抽水试验)	技术方法	interference-well pumping test	干扰孔抽水试验(群孔抽水试验)interference-well pumping test	指利用两个或两个以上的钻井或井同时抽水获取含水层渗透系数或其他水文地质参数的过程及结果。
				1)	也称群孔抽水,即两个或两个以上抽水孔同时抽水,各孔的水位和流量有明显的相互影响,故称干扰孔抽水[1,3]。
				2)	一般指两个或两个以上的孔同时抽水,各孔的水位和水量有明显的相互影响的抽水试验[4]。
380	干扰系数	参数	interference coefficient	干扰系数 interference coefficient	又称涌水量减少系数。指干扰井同时抽水时的总量与所有井单独抽水量总和的比值。
				1)	水井在相同降深条件下,非干扰时的出水量(Q)与干扰时的出水量(Q')之差,与非干扰时的出水之比值,其表达式为:$a =(Q-Q')/Q$[4]。
381	干热型地热田	地下热水资源	dry and hot geothermal	干热型地热田 dry and hot	又称干热岩。指不含天然热流体的高温岩体构成的地热资源区域。

			field	geothermal field	
				1）	由不含天然热流体的高温致密岩石构成的地热资源[2]。
382	高度效应	同位素	altitude effect	高度效应 altitude effect	指 ^2H 和 ^{18}O 等重同位素丰度有随降水高程增高而降低的现象。
				1）	^2H 和 ^{18}O 等重同位素丰度有随降水高程增高而降低的规律[11]。
				2）	指大气降水的 δ^2H 和 $\delta^{18}O$ 值随着地形高程的增高而减小的现象[9]。
383	高原	基础地质	plateau	高原 plateau	
				1）	相对高度较高、面积较大、顶面起伏较小、耸立于周围地面之上的高地[1,3]。海拔 500m 以上，相对高度（起伏）超过 200m。
384	隔滤作用	水化学-水文地球化学	filtration	隔滤作用 filtration	指水中较大直径的组分被孔喉阻隔的现象。
				1）	指水中较大颗粒不能穿过滤料的孔隙，或是虽能嵌入滤料孔隙，但不能通过滤层而被隔滤于滤层之外[10]。
385	隔水层	水文地质基础	aquifuge	隔水层 aquifuge	指不含水且不透水的地质体。
				1）	不能传输与给出相当数量水的岩层[11]。
				2）	一般指透水性极弱的岩层[4]。
				3）	重力水流不能透过的土层和岩层[1,3]。
386	隔水底板	水文地质基础	lower confined bed	隔水底板 lower confined bed	指含水层底部的不透水岩土体。
				1）	承压含水层底部的隔水层[11]。
				2）	含水层底部的隔水层[4]。
				3）	承压含水层下部的隔水层称为隔水底板[10]。
387	隔水顶板	水文地质基础	upper confined bed	隔水顶板 upper confined bed	指含水层顶部的不透水岩土体。
				1）	含水层顶部的隔水层[4]。
				2）	承压含水层上部的隔水层[10]。
388	隔水岩性	水文地质基础	property of impermeable rock	隔水岩性 property of impermeable rock	指地质体不含水也不透水的性质。
389	各向同性介质	水文地质基础	isotropic medium	各向同性介质 isotropic medium	指任意点的各个方向上，水理性质与力学性质相同的介质。
				1）	如果渗流场中某一点的渗透系数不取决于方向。即不管渗流方向如何都具有相同的渗透系数，则介质是各向同性的[5]。
				2）	某点的性质（如渗透性）与方向无关，在各方向均相同的含水介质[1,3]。
390	各向异性含水层	水文地质基础	anisotropic aquifer	各向异性含水层 anisotropic aquifer	指在三维维度上某一点向任一方向的渗透系数不同的含水层。
				1）	含水层在任意点上水平渗透系数与垂直渗透系数不相等称为各向异性含水层[10]。

391	各向异性介质	水文地质基础	anisotropic medium	各向异性介质 anisotropic medium	指任意点的各个方向上，水理性质与力学性质不相同的介质。
				1）	如果渗流场中某一点的渗透系数不取决于方向。即不管渗流方向如何都具有相同的渗透系数，则介质是各向同性的；否则是各向异性的[5]。
				2）	某点的性质（如渗透性、导热性）与方向有关的含水介质[1,3]。
392	工程水文地球化学调查	预测评价类	hydrogeochemical survey of engineering	工程水文地球化学调查 hydrogeochemical survey of engineering	指采用化学取样与分析的方法对工程项目的本年及建设全过程的水文地球化学特征及影响进行的相关工作及结果。
393	工业矿水	地下水资源	industrial raw water	工业矿水 industrial raw water	指在现有的技术条件下，含有工业经济价值组分的一种水资源。
				1）	富集某些元素和盐类的地下水[11]。
				2）	有益物质成分（如溴、碘、钾、硼）含量达到工业开采和提炼标准的地下水[4]。
394	工业原料用地下水	水文地质基础	industrial raw groundwater	工业原料用地下水 industrial raw groundwater	指地下水中某些组分含量具有经济开发价值的地下水。
				1）	有益组分（如碘、溴、硼、钾等）含量达到工业开采和提炼标准的地下水[10]。
395	构造裂隙水	水文地质基础	water in structural fractured rock	构造裂隙水 water in structural fractured rock	指赋存于构造裂隙中的地下水。
				1）	构造裂隙是岩石在构造应力作用下形成构造裂隙，是最为常见、分布范围最广的裂隙，赋存于其中的裂隙水称为构造裂隙水[11]。
				2）	存在于岩石构造裂隙中的地下水[4]。
				3）	脆性岩石的构造破碎带中，裂隙发育，赋存有丰富的地下水[20]。
396	构造透镜体	基础地质	structural lenticular body	构造透镜体 structural lenticular body	
				1）	岩层或岩体因构造作用而碎裂成的不连续块体，多呈透镜状或扁豆状，各块体之间的横间隔距离可以很大[1]。
397	孤立系统	水文地质基础	isolated system	孤立系统 isolated system	指与环境之间既无物质交换，也无能量和信息交换的系统。
				1）	指体系与环境之间既无物质交换，也无能量交换和容积的变化，不受环境的影响[2]。
398	古地下水	水文地质基础	fossil groundwater	古地下水 fossil groundwater	指封存于岩层中且未受到现代水影响的地下水。
				1）	古地下水则是指在气候条件不同于现代地质历史时期中渗入地下的大气降水[9]。
399	古水文地质条件	水文地质基础	paleo-hydrogeological setting	古水文地质条件 paleo-hydrogeological setting	指与古地下水相关的地层岩性构造等地质要素的总和。

序号	名称	类别	英文	中英文	释义
				1)	指在分析区域地质构造发展史的基础上，恢复古地下水的补给区、泄水区，推断地下水的流动方向以及岩石的冲刷强度；地下水中的各种微量组分，在不同地质历史期的演化过程；并据此划分出长期封闭的或是开启的地段，判断氧化的或者是还原的古水文地球化学环境的分布区[2]。
400	古水文地质图	图形	paleohydrogeo-logical map	古水文地质图 paleohydrogeo-gical map	指反映第四纪以前即 300 万年前某一时期某一地区的水文地质参数的图件。
				1)	反映某一地质时期地下水分布和形成的图件。一般要根据古地理的资料和具体的水文地质资料，标注地下水的补给、径流、排泄情况，地下水化学类型及其垂向变化等[1,3]。
401	古水文地质学	水文地质基础	paleohydrogeo-logy	古水文地质学 paleohydrogeology	指研究不同地质历史时期的含水层系统中的地下水形成与演化的一门学科。
				1)	研究第四纪以前地下水的形成和分布收支在各个地质历史时期的演变的一门学科[1,3]。
402	骨架	水文地质基础	skeleton	骨架 skeleton	指多孔隙岩土体中的固相物质。
				1)	具有孔隙的岩石成为多孔介质。在多孔介质中，固、液、气三相都可能存在，固相称为骨架[5]。
403	拐点法	技术方法	inflected point method	拐点法 inflected point method	指以时间-井中水位对数（lg$S$）绘制观察曲线上的拐点对应时间降深和曲线斜率计算有越流含水层的导水系数、释水系数和越流系数的一种图解方法。
				1)	利用半对数坐标上时间-降深曲线拐点出现的时间、降深和斜率，计算有越流的含水层的导水系数、释水系数和越流系数的一种图解方法[4]。
				2)	是在有越流补给时，利用抽水试验资料求含水层参数的一种图解法[1,3]。
404	观测的准确度与精密度	数理	accuracy and precision of observation	观测的准确度与精密度 accuracy and precision of observation	准确度：指观测值与实际值之间的差异程度。精密度：指两两观测值之间的差异程度。
				1)	如果观测的系统误差小，则称观测的准确度高，可以使用更精确的仪器来提高观测的准确度，如果观测的随机误差小，则称观测的精密度高，可以增加观测次数取其平均值来提高观测的精密度[8]。
405	观测孔	工程类	observation well	观测孔 observation well	指用于测量与含水层相关参数有关的钻孔。
				1)	用作地下水动态观测或在抽水试验中用作观测地下水位（特殊的包括水质、水量、水温）变化的钻孔[4]。
				2)	用作抽水试验或地下水动态观测的钻孔[1,3]。
406	观测误差	数理	observation error	观测误差 observation error	
				1)	指观测值与真值的差数[8]。
407	观测值	数理	observed value	观测值 observed value	
				1)	指每次观测所得数值[8]。
408	管井	工程类	tube well	管井 tube well	指成井工艺较钻孔成井简单并有滤水管的一类钻

				孔。有时是指滤水管直接打入含水层的一类钻孔。
			1）	一种常见的、深度较大的地下水垂直集水建筑物，用于开采含水层埋藏较深的地下水[1,3]。
409	管井过量抽水	地下水动力学	over pumping of bore hole	管井过量抽水 over pumping of bore hole	指实际抽水量超过管井过水量的状态。
			1）	指管井的抽水量超过了管井的自身出水能力[10]。
410	管井允许出水量	地下水动力学	permit abstract of bore hole	管井允许出水量 permit abstract of bore hole	指滤管进水面积与滤管允许进水流速的乘积。
			1）	过滤管进水面积乘以过滤管允许进水流速，是管井的允许出水量[10]。
411	管井钻进工艺	技术方法	drilling method	管井钻进工艺 drilling method	指管井井身施工作业方式。
412	管涌	工程类	piping	管涌 piping	又称潜蚀。指地下水沿着优势方向对岩土体进行溶蚀或侵蚀并导致流速迅速增加带出大量固形物质的现象。
			1）	地下水流强烈冲蚀，在土体中形成管道式空洞，向地面不断涌出带砂的水，称为管涌[11]。
			2）	地下水在土层中的渗滤侵蚀作用[1,3]。
413	灌溉半径	水文地质基础	irrigation radius	灌溉半径 irrigation radius	指单井出水量能满足灌溉制度要求的同心圆范围的半径。
			1）	根据单井出水量所控制的保浇面积的半径，再乘以2，作为机井的井距[2]。
414	灌溉回归水	水文地质基础	irrigation return flow	灌溉回归水 irrigation return flow	指灌溉水由田间、渠道排出或渗入到含水层中的水。
			1）	引入灌区的灌溉水未被利用又经地表或地下流回到沟渠或河流的水量。包括渠系渗漏，渠系退水或泄水，田间深层渗漏和田间跑水、退水等。
415	灌溉入渗补给	水文地质基础	irrigated infiltration recharge	灌溉入渗补给 irrigated infiltration recharge	指部分灌溉水补给到含水层的过程。
			1）	当引外水灌溉时，灌溉水经渠系进入田间，灌溉水入渗对地下水的补给称为灌溉入渗补给，分为渠系渗漏补给与田间灌溉入渗补给[10]。
416	广度量	数理	extensive properties	广度量 extensive properties	指具有加和性的一类物理量，如质量、长度、体积等。
			1）	指量具有加和性，如质量、物质的量、体积、长度等，这一类物理量。
417	广义浓度	水化学-水文地球化学	generalized concentration	广义浓度 generalized concentration	指溶液中溶质的单位质量。
418	硅化	水化学-水文地球化学	silicification	硅化 silicification	指酸性条件时以蛋白石胶体的形式充填于孔缝的硅质经脱水变为玉髓，再结晶转化为石英的过程。
			1）	当溶液中出现酸性条件时，硅质以蛋白石胶体的形式充填于孔缝中，后经脱水变为玉髓，结晶成石英[2]。

			2)		硅化作用的简称。岩石在热液作用下,产生含有石英、玉髓、蛋白石等蚀变矿物的作用[1]。
419	过滤器孔隙率	参数	open entry of filter	过滤器孔隙率 open entry of filter	指过滤器的滤水孔眼总面积与滤水管表面积的比值,无量纲。
				1)	指过滤器的滤水孔眼的总面积与滤水管表面积之比[4]。
420	过滤器有效长度	工程类	effective length of well screen	过滤器有效长度 effective length of well screen	指钻孔抽水过程中滤水器出水部分长度,单位为[L]。
421	过失误差	数理	gross error	过失误差 gross error	指主观造成的观测误差或者计算误差。
				1)	粗枝大叶造成的观测误差或计算误差[8]。
422	过水断面	水文地质基础	water carring section	过水断面 water carring section	指同一含水层中垂直于地下水流向的含水层的横截面。
				1)	垂直于地下水流向的含水层截面[4]。
				2)	与地下水流向垂直的含水层断面[1,3]。
H					
423	含氮水	水化学-水文地球化学	nitric water	含氮水 nitric water	指含有一定溶解氮气的地下水。
				1)	地下水中的氮和氧主要来源于大气,但O_2的化学性质远比N_2活泼,所以在较封闭的环境中O_2将消耗而只留下N_2,某些含氮盐水即属于来源于大气水的深循环地下水[1,3]。
424	含甲烷水	水化学-水文地球化学	methane water	含甲烷水 methane water	指溶解气体中含有一定质量甲烷气体的地下水。
				1)	指溶解气体中有大量甲烷的地下水,一般均埋藏在一定深度下的还原环境中[1,3]。
425	含卤层	水文地质基础	the rocks contained brine	含卤层 the rocks contained brine	指地下水的溶解性总固体达到卤水标准的岩层。
				1)	指具有一定储集、渗透和运动能力的含有卤水的空间。按岩石性质的不同,将含卤层划分为碎屑岩含卤层和碳酸盐岩含卤层两类[2]。
426	含水层	水文地质基础	aquifer	含水层 aquifer	指含有水并能在重力或应力作用下释放出大部分水的地质体。
				1)	饱水并能传输与给出相当数量水的岩层[11]。
				2)	能导水的饱水岩层[4]。
				3)	地下水面以下饱水的透水层[1,3]。
				4)	指储存有地下水(主要是重力水)并在天然条件或人为条件下,能流出水来的岩石,由于含水岩石大都是呈层状的,所以称为含水层[2]。
427	含水层、隔水层组合关系的概化	水文地质基础	generalizability of the combination of aquifers and aquifers	含水层、隔水层组合关系的概化 generalizability of the combination of aquifers and aquifers	指将具有多层含水层或隔水层的含水岩组简化成可以近似代替的简单含水岩组的过程及结果。

					对于厚度大面积广的多层结构的含水层系统，其含水层相对隔水层互层时，必须合并，简化为含水组和弱透水岩组[2]。
428	含水层补给模数	参数	recharge modulus of aquifer	含水层补给模数 recharge modulus of aquifer	指单位时间单位面积含水层获得的地下水补给量，单位为[L/T¹]。
				1)	单位面积含水层在天然或开采条件下，单位时间内所获得的补给水量，常用单位为[m³/km²·a]或[L/km²·s][4]。
429	含水层单位储存量	地下水资源	specific storage of aquifer	含水层单位储存量 specific storage of aquifer	指含水层地下水位下降 1m 时产出的水量。
				1)	地下水位每下降 1m 时，含水层所能提供的水量体积，其值等于含水层的面积乘以给水度（潜水含水层）或储水系数（承压含水层）[4]。
430	含水层弹性释放	地下水资源	elasticity release of aquifers	含水层弹性释放 elasticity release of aquifers	指当水头降低时，承压含水层仍处于饱和状态的释水现象。
				1)	由于水头降低引起的含水层释水的现象[5]。
				2)	在含水层中抽水，因水头（水位）下降，水的压力减少颗粒间有效应力增加，使岩层骨架压缩和水体积膨胀的释水过程[4]。
431	含水层等高线图	图形	contour map of aquifer	含水层等高线图 contour map of aquifer	指表示一个地区某一含水层顶板或底板高程的等值线图。
				1)	表示含水层顶底板高程的等值线图[4]。
				2)	反映潜水面形状的水位等高线图[1,3]。
432	含水层等厚线图	图形	aquifer isopach map	含水层等厚线图 aquifer isopach map	指表示一个地区一个或多个含水层总厚度的等值线图。
				1)	表示含水层厚度的等值线图[4]。
433	含水层等埋深图	图形	isobaths map of aquifer	含水层等埋深图 isobaths map of aquifer	指表示一个地区某一含水层顶底板埋藏深度的等值线图。当为潜水含水层时，称为潜水埋藏深度图；当为承压含水层时，称为承压水顶板埋藏深度图。
				1)	表示含水层顶底板埋藏深度的等值线图[4]。
				2)	反映一个地区某一固定时期的潜水埋藏深度在平面上变化的图件[1,3]。
434	含水层动力系统	地下水动力学	aquifer hydraulic system	含水层动力系统 aquifer hydraulic system	指同一含水层系统中具有水力学联系的空间区域且具有补给区、径流区和排泄区。
435	含水层非均质性分区的概化	地下水动力学	generalizability of non homogeneity zoning in aquifers	含水层非均质性分区的概化 generalizability of non homogeneity zoning in aquifers	指将含水层的渗透系数、储水系数或导水系数相等或近似的区域划归为同一参数区的过程和结果。
				1)	根据含水层的渗透系数 K（或导水系数 T）、μ、S 和主渗方向等在空间上的变化规律，将参数大致相同的地段视为均质体（可以是各向异性）归为一区的操作过程[2]。

436	含水层开采模数	参数	explotable modulus of aquifer	含水层开采模数 explotable modulus of aquifer	指单位时间从单位面积含水层中可开采的地下水量。常用单位为[m³/km²·a]或[L/km²·s]，量纲为[L/T]。
				1)	单位时间从单位面积含水层中抽取出来的地下水量，常用单位为[m³/km²·a]或[L/km²·s][4]。
437	含水层调节能力	水文地质基础	regulation capacity of aquifer	含水层调节能力 regulation capacity of aquifer	指含水层接受天然补给量或人工补给量与可开采量的比值。
				1)	含水层在天然状态或人工控制条件下，所具有接收补给水量和提供可采资源数量的能力[4]。
438	含水层系统	水文地质基础	aquifer system	含水层系统 aquifer system	指同一地质时期或连续地质时期形成的具有近似岩性或岩组所构成的地下水空间系统。
				1)	由隔水或相对隔水边界圈围的，内部具有统一水力联系的赋存地下水的岩系[11]。
439	含水层允许开采模数	参数	allowable explotable modulus of aquifer	含水层允许开采模数 allowable explotable modulus of aquifer	指在单位时间内允许从单位面积含水层中抽水且不产生负面效应的最大经济抽水量，量纲为[L/T]。
				1)	在不使开采条件恶化、不至于引起严重环境地质问题的条件下，单位时间允许从单位面积含水层中抽出的最大水量，常用单位为[m³/km²·a]或[L/km²·s][4]。
440	含水构造	水文地质基础	water bearing structure	含水构造 water bearing structure	指含有地下水的地层系统或地质构造。
				1)	由含水层和隔水层组成的，具有一定水文地质规律的地质建造和构造[1,3]。
441	含水介质的水理性质	水文地质基础	hydrological properties of aqueous medium	含水介质的水理性质 hydrological properties of aqueous medium	指岩土体与水相互作用后具有的物理性质，包括容水性和给水性、储水性和释水性、持水性、透水性以及毛细性等。
				1)	岩石与水接触后有关的性质，即与水分储容和运移有关的岩石性质，可称为含水介质的水理性质。它包括容水性和给水性、储水性和释水性、持水性、透水性及毛细性等[2]。
442	含水量	参数	moisture content	含水量 moisture content	指岩土体中含有的水量与岩土体总质量的比值，无量纲。
				1)	指松散岩土孔隙中所包含的水与岩土的比值[11]。
				2)	岩土孔隙含水重量（G_w）与干燥岩土重量（G_s）的比值为重量含水量（W_g）[11]。
				3)	岩土孔隙含水体积（V_w）与包含孔隙体积在内的岩土体积（V）的比值为体积含水量（W_v）[11]。
443	含水率	参数	moisture content	含水率 moisture content	指单位体积岩土体中水的体积与总体积的比值。
				1)	典型单元体中水的体积与典型单元体的体积之比[5]。
				2)	在非饱和水流中单位体积岩层中所含的重力水体积。以体积表示水和岩层比例关系时，称体积含水率，以重量表示时，称重量含水率[4]。

444	含水砂层变形	水文地质基础	deformation of water-bearing sand layer	含水砂层变形 deformation of water-bearing sand layer	指含水砂体失去或得到部分水后砂体密度改变的现象。
				1)	主要是水位降减少了水的浮托力，使其上部产生了附加应力（相当于水位降的水柱重量）将含水层压密变形[2]。
445	含水岩系	水文地质基础	water-bearing rock series	含水岩系 water-bearing rock series	指一区域内，补给区、径流区和排泄区不同且无水力学联系的不同时代含水岩层的组合系统。
				1)	某一地质时代的不同沉积物所组成的含水岩体[4]。
				2)	由若干个含水层和隔水层组成，一般相当于沉积岩和变质岩的一个地层单位（系统或其一部分），同一时期形成的同一类型火成岩体（例如燕山期花岗岩）也作为一个含水岩系[1,3]。
446	含水岩组	水文地质基础	water-bearing complex	含水岩组 water-bearing complex	指同一地质时期形成的空间上相邻且具有统一水力联系和水化学特征相似的多层含水层系统。
				1)	指具有统一的水力联系和一定的水化学特征的多层含水层的空间组合[2]。
				2)	指含水特征相近的一套岩层所构成的统一的含水岩体[4]。
				3)	根据水文地质特征（水质、水温、富水性等）划分的水文地质单位，其界线往往与地层界线不吻合[1,3]。
447	含盐量	水化学-水文地球化学	salt content	含盐量 salt content	指单位体积地下水中除水、气体和单质之外所有组分的总质量。
				1)	指水中各组分的总量，其常用的单位为[mg/L]或[g/L][9]。
448	航片水文地质解译	技术方法	hydrogeological interpretation of aerial photo	航片水文地质解译 hydrogeological interpretation of aerial photo	指获取航片中的水文地质信息或参数的过程及结果。
				1)	根据地形地貌、植被、土壤及地质构造等标志，以研究地下水的分布为目的的航空照片的判读和解释的工作[1,3]。
449	海成地貌	基础地质		海成地貌	指由海洋地质作用形成的地貌现象的总称。
450	耗氧量	水化学-水文地球化学	oxygen demand	耗氧量 oxygen demand	指水体中（包括地下水）有机物氧化所消耗的氧或高锰酸钾的质量。
				1)	地下水中的有机物氧化所消耗的氧或高锰酸钾（$KMnO_4$）的重量。量纲为[M][1,3]。
451	合理水位降深	地下水动力学	reasonable water level drop	合理水位降深 reasonable water level drop	指能自然恢复的地下水降深。
				1)	开采地下水的总量不大于开采区补给总量（天然补给量及开采补充量），它的动水位只是在某个深度之内变动，这是属于均衡开采趋势的地下水位降[2]。
452	和	数理	sum	和 sum	
				1)	表示事件 A 或事件 B 发生的事件，称为 A 与 B 的和，记作 $A \cup B$（或 $A+B$）[8]。

453	河流地下补给系数	参数	groundwater recharge coefficient of river	河流地下补给系数 groundwater recharge coefficient of river	指某一时期流域的地下水排泄量与河流总流量的比值。
				1）	地下水排泄入河的径流量与河流总流量之比值。一般用百分数表示[1,3]。
454	河流水文图分解法	技术方法	stream hydrograph diagram separation method	河流水文图分解法 stream hydrograph diagram separation method	又称流量过程分割法。指按地下水补给河水的特征将河流流量过程曲线中的地下水量分离出来的一种图解方法。
				1）	当河流排泄含水层中的地下水时，利用河水流量过程曲线，考虑具体水文地质条件，将流域范围内的地下径流量直接分割出来，并以此量表征测流断面上游流域范围内的地下水天然资源[4]。
				2）	常年有水的河流有多种补给来源，如大气降水沿坡面流动直接汇入河槽，主要形成洪流；大气降水渗入地下，在地下运移后逐渐以水或散流的形式排入河中，形成基流；此外冰川积雪的融化也可构成河流的补给来源。因此可结合水文地质条件对地表径流量的水文观测资料（即河流水文图）进行分解，用图解的方法区分出地下径流部分。然后根据地下径流量和汇水面积可以计算地下径流模数等指标[1,3]。
455	河渠引渗回水	地下水资源	the infiltration backwater	河渠引渗回水 the infiltration backwater	指河渠中的水下渗补充地下水的过程及补给水量。
456	痕量组分	水化学-水文地球化学	trace component	痕量组分 trace component	指地下水中含量低于 0.1mg/L 的组分。
				1）	痕量组分在地下水中含量一般低于 0.1mg/L，包括了铝、锑、砷、钡等多种元素[9]。
457	横向弥散	地下水动力学	transverse diffusion	横向弥散 transverse diffusion	指地下水组分沿水流法向上分散的现象。
				1）	溶质沿垂直于平均流动方向扩散[5]。
				2）	垂直于水流方向上的弥散作用[1,3]。
458	横向弥散系数	参数	coefficient of transverse dispersion	横向弥散系数 coefficient of transverse dispersion	指组分在二维流中，水流方向可分解成纵向和横向两个分量，其中在横向分量的运移量和扩散量的总和称为横向弥散系数，量纲为$[L^2/T]$。
				1）	指垂直于水流方向上的水动力弥散系数。单位为$[L^2/T]$[4]。
459	后备可采资源	地下水资源	reserve recoverable resources	后备可采资源 reserve recoverable resources	指某一地区在现有技术条件下已探明的不具备经济性的地下水量。
				1）	有些地区的地下水资源，由于现实经济技术条件限制还不能充分利用，如当地下水埋深深度较大或水质较差，开采这种水时必须进行专门处理才能使用，或者现有采水机具暂时还不能实现经济开采，不符合经济核算原则，随着技术发展，条件得到改善，才可用于实际开采，这部分地下水资源称为后备可采资源[2]。

460	花岗岩	基础地质	granite	花岗岩 granite	
				1）	俗称"花岗石"。是一种分布很广的深成酸性火成岩，SiO_2 含量多在 70%以上，颜色较浅，以灰白色、肉红色较为常见[1]。
461	化学反应途径模拟	水化学-水文地球化学	simulation of chemical reaction pathway	化学反应途径模拟 simulation of chemical reaction pathway	指假设在地下水运移中已知初始地下水化学组分且仅存在单向不可逆反应的水-岩作用的一类分析判断化学反应的计算过程及结果。
				1）	在给定初始水的成分及一组不可逆化学反应的条件下，通过化学反应途径模拟可以研究地下水和岩石的成分随反应进程的变化[9]。
462	化学风化作用	水化学-水文地球化学	chemical weathering	化学风化作用 chemical weathering	指由化学作用导致岩石中的矿物或集合体发生成分或结构变化或形成新矿物的过程。
				1）	把母岩在氧、水和溶于水中的各种酸的作用下遭受氧化、水解和溶滤等化学变化，使其分解而产生新矿物的过程称为化学风化作用[9]。
463	化学吸附	水化学-水文地球化学	chemisorption	化学吸附 chemisorption	指地下水中某些组分与固相中的组分反应形成新的物质且在同等条件下不能返回到地下水中的一种化学现象。
				1）	指通过化学键的作用力吸附分子或离子，液相中的离子是静电与共价键力结合到固体颗粒表面；被吸附的离子进入颗粒的结晶格架，成为晶体的一部分，它不可能再返回溶液。这是一种不可逆反应[10]。
464	化学吸附作用	水化学-水文地球化学	chemical adsorption	化学吸附作用 chemical adsorption	指地下水中组分与固相组分的化学反应过程。
				1）	污水中的某些离子被介质吸附进入其结晶格架中，成为介质结晶格架的组成部分，它不可能再返回溶液，从而使水中这些离子浓度减小[10]。
465	化学性地方病	地下水与环境	chemical endemic disease	化学性地方病 chemical endemic disease	又称生物地球化学性疾病。指环境中某些组分过多或缺失引起的具有地理区域特征的疾病。
				1）	环境中某些元素的丰缺所引起的地方性疾病[4]。
466	化学需氧量	地下水与环境	chemical oxygen demand	化学需氧量 chemical oxygen demand	指在一定条件下，氧化剂氧化水中有机物和还原性无机物所需要的氧化剂数量（COD）。
				1）	指在一定条件下，易受强化学氧化剂氧化的有机物所消耗的氧量[4]。
				2）	指在一定条件下，以一定的氧化剂氧化水中的还原性物质所消耗的氧化剂量，以氧的 mg/L 表示[1,3]。
				3）	指氧化剂氧化水中无机污染物所需的氧量。
				4）	指采用化学氧化剂氧化水中有机物和还原性无机物所需消耗的氧的量，单位为[mg/L][9]。
467	化学元素析出过程	水化学-水文地球化学	precipitation process of chemical elements	化学元素析出过程 precipitation process of chemical elements	指天然水中元素或组分离开水体形成矿物或附着到骨架的过程。
				1）	元素反向迁移作用，就其实质而言，它是天然水化学成分，向石圈转移的过程，即化学元素在水中析出的过程，从本质上讲也就是矿床形成的过程[2]。

468	环境水文地球化学调查	预测评价类	environmental hydrogeochemical survey	环境水文地球化学调查 environmental hydrogeochemical survey	指以地下水环境质量和人类健康及生态保护为目的的水文地球化学调查工作。
				1)	环境水文地球化学调查是为了评价因人为活动或自然作用对天然的或原有的水文地球化学场造成的影响。它也包括两个方面的调查：一是确定背景值和查明背景场的分布；二是查明污染源和污染场的分布和特征[5]。
469	环境水文地质学	地下水与环境	environmental hydrogeology	环境水文地质学 environmental hydrogeology	指研究与环境质量相关的水文地质问题的一门学科。
				1)	研究自然环境中地下水与环境及人类活动的相互关系及其作用结果，并对地下水与环境进行保护、控制和改造的学科[4]。
				2)	从环境科学角度研究地下水的质量以及对地下水的保护、控制和改造的边缘学科[1,3]。
				3)	环境水文地质学是研究自然环境中地下水与环境及人类活动的相关关系及其作用结果，并对地下水与环境进行保护、控制和改造的学科[20]。
470	环境水文地质作用	地下水与环境	environmental hydrogeological process	环境水文地质作用 environmental hydrogeological process	指与人类或其他中心事物相关的地质圈层内的水文地质过程及结果。
				1)	指地下水在人为和自然因素影响下由水化学、水动力学、水物理学和生物学性质变化所造成的，对人类生产和生活环境的制约作用[5,14]。
471	环境同位素	同位素	environmental isotope	环境同位素 environmental isotope	指能指示环境特征的天然或人类活动产生的同位素。
				1)	存在于自然环境中的同位素，主要是天然形成的，但也有一部分来源于核试验产生的人工放射性同位素（如氚）。它不包括作为示踪剂的人工产生的放射性同位素[1,3]。
				2)	自然环境中元素的同位素，分为稳定同位素与放射性同位素两种类型[20]。
472	环境质量	地下水与环境	environmental quality	环境质量 environmental quality	指以人类或其他生物为中心的内在要素的总和。
				1)	指环境要素的内在素质，即其优劣程度[5,14]。
473	环境质量评价	预测评价类	environmental quality assessment	环境质量评价 environmental quality assessment	指确定环境要素优劣程度的过程及结果。
				1)	指对环境要素优劣程度的定量描述[5,14]。
474	灰岩	基础地质	limestone	灰岩 limestone	指方解石含量大于75%的碳酸盐岩。
				1)	一种以方解石为主要组分的碳酸盐岩，常混入有黏土、粉砂等杂质[1]。

475	回灌层	地下水动力学	recharged aquifer	回灌层 recharged aquifer	指能接受人工补给并储存一定水量的含水层或透水层。
				1)	接受人工补给水源的含水层[4]。
476	回灌量	地下水资源	quantity of water recharge	回灌量 quantity of water recharge	指在一定时期内人工注入含水层内的总水量。
				1)	在一定时期内,灌入回灌井或通过渗透池和其他人工补给设施灌入含水层的水量[4]。
477	回灌水源	地下水资源	recharge water source	回灌水源 recharge water source	指能满足回灌水质要求的所有水源。
				1)	用于进行地下水人工补给的水源,包括各种地表水、雨水、融雪水以及经过处理、水质达到回灌水质标准的污、废水[4]。
478	回灌水质	水化学-水文地球化学	quality injecting water	回灌水质 quality injecting water	指回灌水的物理性质、化学性质及生物化学性质的总称。
				1)	作为地下水人工回灌水源的质量[4]。
479	回灌压力	参数	recharge pressure	回灌压力 recharge pressure	指向含水层灌入水时需要的水头。
				1)	进行加压回灌时,在回灌井中保持的高于含水层天然水位的水头压力值[4]。
480	回灌周期	参数	recharge cycle	回灌周期 recharge cycle	指相邻两次向含水层中灌入水的时间间隔。
				1)	采用间歇性回灌方法时,进行相邻两次回灌工作的时间间隔[4]。
481	回扬量	地下水动力学	pump lifting output from injection well	回扬量 pump lifting output from injection well	指向含水层中注水的同时返回地表部分的水量。
				1)	指回灌井回扬时,从含水层中抽出的水量[4]。
482	回扬水质	水化学-水文地球化学	quality of pump lifted water	回扬水质 quality of pump lifted water	指从回灌井中返出地面的水的物理性质、化学性质和生物化学性质的总称。
				1)	回扬时从回灌井中抽出地下水的水质[4]。
483	回扬周期	水文地质基础	pump lifting cycle	回扬周期 pump lifting cycle	指相邻两次从回灌含水层中返出水的时间间隔。
				1)	采用间歇性回扬方法时,进行相邻两次回扬工作的时间间隔[4]。
484	汇点	地下水动力学	the meeting point; sink point	汇点 the meeting point; sink point	指含水层集中排泄的理论点位。
				1)	在均质含水层中,如果渗流以一定强度从各个方面沿径向流向一点,并被该点吸收,则该点称为汇点[5]。
				2)	单位厚度含水层中半径为无限小的抽水点[1,3]。
				3)	将井径无限小的抽水井称为汇点[10]。
485	汇水盆地	水文地质基础	catchment	汇水盆地 catchment	指四周高而中心低的可以有出口也可没有出口的一种地形。
486	汇线	地下水动力学	exchange	汇线 exchange	指无数个等强度的汇点均匀排列而成的线。

				line；sink line	line；sink line	
					1）	由无数个空间汇点组成的线[5]。
					2）	无数个等强度的汇点均匀排列而成的线[1,3]。
487	混合抽水试验	技术方法	mixed layer pumping test	混合抽水试验 mixed layer pumping test		指在一个孔或井中揭穿两个或两个以上含水层的抽水试验。
					1）	在同一井、孔中，对两个以上的含水层同时抽水的试验[4]。
					2）	从两个或更多含水层同时抽水[1,3]。
488	混合流	地下水动力学	combined regime of groundwater flow	混合流 combined regime of groundwater flow		指同一含水层的不同区域存在层流和紊流的流动现象。
					1）	地下水流在统一的运动场中，层流与紊流两者同时并存的状况。混合流不是独立的流态，而是两种流态在一定条件下同时并存[1,3]。
489	混合取水	地下水动力学	mixed-layer pumping	混合取水 mixed-layer pumping		指在一口井或钻孔中开采多个含水层中地下水的一种取水方式。
					1）	指用一眼管井同时开采多个含水层中的地下水[4]。
490	混合作用	水化学-水文地球化学	mixing action；mixing effect	混合作用 mixing action；mixing effect		指两种或两种以上水质的地下水混合流动时产生的水质变化现象。
					1）	成分不同的两种水汇合在一起，形成化学成分不同的地下水，便是混合作用[11]。
					2）	两种不同成分地下水相遇后，使原有的化学成分发生改变的作用[1,3]。
					3）	热水与浅部冷水混合，形成温度和化学成分与原来两种水都不相同的水，混合水的标志是地热区内各泉的温度不同，Cl 等非反应性元素的浓度变化大并与泉水温度存在一定的相关关系，大流量泉的化学组分在泉温条件下存在明显的不平衡[2]。
491	活塞式入渗	地下水动力学	piston infiltration；diffusion infiltration	活塞式入渗 piston infiltration；diffusion infiltration		指在入渗过程中，后期入渗的水推着前期入渗水向前流动的一种地下水入渗形式。
					1）	地下水下渗水流犹如活塞推进，出现于均质岩土（如砂层等）[11]。
492	火成岩	基础地质	igneous rock	火成岩 igneous rock		
					1）	又称"岩浆岩"。由岩浆在地下或喷出地表后冷却凝结而成的岩石[1]。
493	火山岩	基础地质	magmatic rock	火山岩 magmatic rock		
					1）	由地表火山作用所形成的各种岩石，既包括细粒的、隐晶质的或玻璃质的熔岩和火山碎屑岩，又包括与火山作用有关的次火山岩[1]。
					2）	当岩浆喷出地表冷凝而形成的岩石称为喷出岩（火山岩）[7]。

J

494	机械过滤作用	地下水动力学	mechanical filtering effect	机械过滤作用 mechanical filtering effect	指地下水中非离子组分被含水层物理截留的过程。
				1)	由于介质大小不一，在小孔隙或"盲孔"中，地下水中的悬浮物、胶体物及乳状物被机械过滤而截留，使水中这些物质的含量减少[10]。
495	机械弥散	地下水动力学	mechanical dispersion	机械弥散 mechanical dispersion	又称对流扩散。指两种及以上含有不相互混溶的组分的水流相遇时的混杂现象。
				1)	液体通过多孔介质流动时，由于速度不均一所造成的这种物质运移现象称为机械弥散[5]。
				2)	又称水力弥散，恒温条件下多孔介质中流体所产生的溶质扩散效应。在总体上，水流应按某一平均流速运动。但由于孔隙、裂隙分布的不均匀，几何形状和大小的不同，实际上溶质示踪物是沿着曲折的渗透途径运动的，水流的局部速度在大小和方向上发生着变化，引起溶质在介质中扩散的范围越来越大[1,3]。
				3)	溶质质点在微观尺度上由于流速的变化而引起的相对于平均流速的离散运动，称为机械弥散[10]。
				4)	在非均质含水层中，由于渗流速度分布不均而引起的弥散现象称为宏观机械弥散[10]。
496	机械弥散通量	参数	mechanical dispersion flux	机械弥散通量 mechanical dispersion flux	指在单位时间内以机械扩散形式通过单位面积的溶质质量。
				1)	由于机械扩散造成的在单位时间内通过单位面积的溶质质量[5]。
497	机械弥散系数	参数	coefficient of mechanical dispersion	机械弥散系数 coefficient of mechanical dispersion	指恒温条件下渗透水流所产生的溶质运移距离，量纲为$[L^2/T]$。
				1)	表征恒温条件下多孔介质中由渗透水流运动所产生的溶质扩散效应。其值（D_h）与水流渗透速度（v）成正比，且与岩层颗粒大小和分布有关，即 $D_h = \lambda_2 v$。式中，λ_2 为表征岩石平均粒径及不均匀特征的参数[4]。
				2)	表征多孔介质中溶质示踪物随渗透水流运移的特性。其值与水流渗透速度成正比，且与岩层颗粒大小和分布有关。量纲为$[L^2/T]$[1]。
498	积	数理	product	积 product	
				1)	表示事件A和B同时发生的事件，称为A与B的积，记作$A \cap B$（或AB）[8]。
499	基本组分	水化学-水文地球化学	basic component	基本组分 basic component	
				1)	指一组能够对水溶液的化学成分给予充分热力学描述的组分[9]。
500	基流	地下水动力学	base flow	基流 base flow	又称基本径流。指一定时间内，流域中河流未直接获得大气降水补给时的流量。
501	基流指数	参数	base flow index（BFI）	基流指数 base flow index（BFI）	指河流基流总量与径流总量的比值。
				1)	基流量和径流量的比值，表征地下水对河流径流贡

				献大小[11]。
502	基岩	基础地质	base rock	基岩 base rock	指地壳表层非松散岩石的总称。
				1)	俗称磐石。是指出露于地表或被松散沉积物覆盖的基底岩石，即一般所指的未被外力搬动过的"生根"岩石[3]。
503	基质势	水文地质基础	metric potential	基质势 metric potential	又称间质势或毛管势。指非饱和基质（土壤）对水的吸附力和毛细力产生的压力势。
				1)	是由非饱和（土壤）基质对水的吸附力和毛细力产生的[11]。
504	激发储量	地下水资源	induced reserve	激发储量 induced reserve	指在开采条件下能从其他相邻含水层或弱含水层中获取的最大水量。
				1)	在开采条件下夺取来的额外补给量[1,3]。
505	激发资源量	地下水资源	motivate resources	激发资源量 motivate resources	指在不发生负面效应的开采条件下，某一含水层获得其他含水层或地表水体的水量。
506	激化开采量	地下水资源	intensification of mining	激化开采量 intensification of mining	指在一定开采强度条件下，从开采含水层之外获得的水量。
				1)	系指采用激化开采的方式，抽取天然消耗量（由天然补给量转化来的）之外，要求最大限度地（合理地）夺取补充量。这些开采补充量的来源分为：增加地表水的渗入量、来自相邻含水层的补给量、来自灌溉水渗入的补充量[2]。
507	集水建筑物	工程类	water-collecting structure	集水建筑物 water-collecting structure	指用来开采地下水的工程设施。可分为垂直、倾斜和水平集水建筑物三大类。
				1)	为抽水或排水而设置的汇集地下水的建筑物。可分为垂直、倾斜和水平集水建筑物三大类[1,3]。
508	集水廊道	工程类	collector gallery	集水廊道 collector gallery	指将含水层中较小水量集中的一种管廊状设施。
				1)	位于含水层中，由透水井壁和反滤层组成的一种近水平分布的集水工程[4]。
				2)	由水平集水廊道与观测井、集水井组成的集水系统[1,3]。
509	集中参数模型	模型模式	lumped parameter model	集中参数模型 lumped parameter model	又称归一化参数模型。指不随空间坐标变化而变化的地下水系统特征和动态参数的数学表达式。
				1)	描述地下水系统特征和动态的参数不随空间坐标而变化的地下水数学模型[4]。
				2)	描述系统的特征、动态不随空间坐标变化的模型[1,3]。
510	给水度	参数	specific yield	给水度 specific yield	指在重力作用下，饱水岩土体释出水的体积与岩土体总体积的比值。
				1)	指地下水位下降单位体积时，释出水的体积和疏干体积的比值，记为 μ，用小数表示[11]。
				2)	表征潜水含水层给水能力的一个指标，给水度和饱和带岩性有关，随排水时间、潜水埋深、水位变化幅度及水质的变化而变化[10]。
				3)	饱水岩石在重力等作用下释出水的体积与岩石体积之比[4]。
				4)	表征土或岩石给水能力的重要参数，一般是指饱和水的土或岩石在重力作用下最终流出的水量与土或

					岩石总体积之比。在数值上接近于有效孔隙度[1,3]。
				5）	在常压下从饱水岩石中流出水的体积与该岩石总体积之比，用小数或百分数表示，也可用重量之比表示[2]。
511	计点评估	数理	point evaluation	计点评估 point evaluation	
				1）	指被评估的产品或样品质量是一件（或一组）产品的疵点的个数[8]。
512	计件评估	数理	piece evaluation	计件评估 piece evaluation	
				1）	指被评估的产品或样品质量是次品率的大小[8]。
513	计量评估	数理	measurement evaluation	计量评估 measurement evaluation	
				1）	指被评估的产品质量的一物理量[8]。
514	迹线	地下水动力学	trajectory	迹线 trajectory	指含水层中地下水质点实际运动路径轨迹。
				1）	渗流场中某一时间段内某一水质点的运动轨迹[11]。
				2）	表示某一液流质点在不同时间内连续运动所得到的轨迹[10]。
515	剪节理	基础地质	shear joint	剪节理 shear joint	
				1）	由剪切破裂形成的节理[1]。
				2）	在剪切应力作用下形成的节理[7]。
516	剪裂隙	基础地质	shear fracture	剪裂隙 shear fracture	
				1）	剪应力引起的断裂。其趋向是把岩石的一部分剪裂，以致相对于另一部分发生位移[1]。
517	碱度（地下水的碱度）	水化学-水文地球化学	alkalinity	碱度（地下水的碱度） alkalinity	指地下水中可与酸发生中和反应的物质的量。
				1）	表征水中和酸的能力的一个综合性指标[9]。
				2）	地下水中能与强酸作用的重碳酸盐、碳酸盐、氢氧化物、有机碱及其他弱酸强碱盐的总含量[4]。
518	间接充水含水层	水文地质基础	indirect waterfilling aquifer	间接充水含水层 indirect waterfilling aquifer	指采动裂隙导通的可自流进入开采区内的非开采范围内的含水层。
519	间接解法	数理	indirect solution	间接解法 indirect solution	指抽水试验数据整理中，采用假定水位和水量，根据微分方程计算确定渗透系数等参数的结果与真实抽水试验数据对比，逐步达到可接受的误差范围的一种参数求解方法。
				1）	先假设一组参数值，求解微分方程得出各点水位，根据算得的水位和实际比较逐次修正参数，使两者逐渐接近，这个过程即不断地解正问题来求逆问题的解[2]。
520	间接渗液	地下水与环境	indirect seepage	间接渗液 indirect seepage	指降水或其他水源入渗或流经有污染物的区域而形成的污染渗液。
521	间接污染	地下水与环境	indirect pollution	间接污染 indirect pollution	指污染物通过第三方介质传递导致目标含水层质量恶化的现象。

				1）	污染物通过其他中间介质间接造成的污染[1]。
				2）	地下水中的污染物在污染源中含量并不高或根本不存在，它是污染过程的产物。这种污染方式是一个复杂的缓慢的过程[2]。
522	间歇泉	水文地质基础	geysers	间歇泉 geysers	指间歇式出露地表的地下水露头。
				1）	在现代火山地区存在周期性喷发水和蒸汽的泉[1,3]。
523	建立模型	模型模式	modelling	建立模型 modelling	指通过对地质原型的认识，抽取能表征原型内涵特征的参数建立数学表达式的过程及结果。
524	降落漏斗	地下水动力学	cone of depression, drawdown cone of depression	降落漏斗 cone of depression, drawdown cone of depression	指抽水过程中或抽水结束后，以井中水位为中心的地下水位面与初始地下水面相交构成的近似漏斗状的无水区域。
				1）	因在井、孔中抽水形成的漏斗状水位下降区[3,4,18]。
525	降落漏斗法	技术方法	depression cone method	降落漏斗法 depression cone method	指根据不同降深形成的降落漏斗体积与抽水量的关系曲线来预测形成更大降落漏斗时的抽水量的一种方法。
				1）	根据已开采承压水源地稳定水位降落漏斗的深度与漏斗内地下水开采量之间的近似直线关系，下推更大降深条件下水源地开采量的一种可开采量计算方法[4]。
526	降落曲线	地下水动力学	depression curve	降落曲线 depression curve	指从含水层补给区到排泄区等水位线法线方向上与地下水面相交的线。
				1）	潜水面或承压水的测压水面与水流方向剖面的交线。对潜水又称潜水浸润曲线[4]。
				2）	渗透水流沿流向因摩擦损失，不断产生水位下降，所以潜水面和承压水的测压水面总是带有一定坡度的曲面。曲面与沿流向方向的剖面相交的曲线，为降落曲线。习惯称潜水的降落曲线为浸润曲线，承压水的降落曲线为测压水头曲线[3]。
527	降深	地下水动力学	drawdown	降深 drawdown	指抽水时地下水位的下降深度。
				1）	包括了降低潜水含水层的潜水位和降低基坑底部下卧承压含水层的压力水头[10]。
528	降水强度	参数	rainfall intensity	降水强度 rainfall intensity	指单位时间内降落到单位面积地面上的降水量，量纲为[L/T]。
				1）	单位时间内的降水量[20]。
529	降水入渗补给	地下水动力学	precipitation infiltration recharge	降水入渗补给 precipitation infiltration recharge	指大气降水入渗到地面以下并到达含水层的过程。
				1）	是一个受多种因素影响的复杂的水文-物理过程，这些因素包括有：包气带岩性和厚度、植被、地形、降水总量、降水强度以及包气带的温度、湿度等。在一定地区，包气带岩性、地形等条件短期内可认为是不变的；植被、包气带温度及厚度虽随季节改变，但变化速度不快，因此降水对地下水补给的变化过程主要是与降水特征（强度、降水量及其随时间的分配等）及包气带的湿度等因素有关[2]。
532	降水入渗补给系数	参数	feed coefficient of	降水入渗补给系数 feed	又称为降水补给系数。指一个地区单位面积上由降水进入地表以下的水量占总降水量的比例。其中包

			precipitation infiltration	coefficient of precipitation infiltration	括增加的土壤含水量和地下水实际补给量。
				1)	一个地区单位面积上降水入渗补给给地下水的量与总降水量的比值，常以小数表示[3, 4, 10]。
531	降水入渗试验	技术方法	test of precipitation infiltration	降水入渗试验 test of precipitation infiltration	指测量降水过程中进入地面以下的水量占降水过程总量的比例或数量的相关工作及结果。
				1)	利用仪器设备或物理化学方法测定大气降水通过包气带岩层的渗入和凝结作用对潜水的补给量的野外试验[4]。
532	降压井	工程类	water-lowering well	降压井 water-lowering well	指可以降低含水层顶板压力的钻孔。
				1)	指用于降低承压含水层水头降水管井[10]。
533	胶结裂隙	基础地质	cemented fissure	胶结裂隙 cemented fissure	指裂隙空间全部或部分被后期沉淀物质填充胶结在一起且边界清晰的一种裂隙。
534	胶结作用	基础地质	cementation	胶结作用 cementation	指松散沉积物颗粒被其他类似胶状物质黏合在一起并形成整体岩石的过程及结果。
				1)	使松散沉积物胶结在一起成为坚固岩石的作用。常见的胶结物有硅质的、铁质的、钙质的和泥质的等等[1]。
535	胶体	水化学-水文地球化学	colloid	胶体 colloid	指含有直径 1~100nm 粒子的地下水分散体系。
				1)	一种物质的细微质点分散在另一种物质中的不均匀的分散体系。细微质点称为分散相，分散相质点的大小为 10^{-7}~10^{-5}cm；另一种物质称分散媒[1]。
536	接触带泉	水文地质基础	contact strip springs	接触带泉 contact strip springs	指两种不同岩性地质体接触带附近的带状地下水露头。其中，一种岩体为含水层性质，另一种是隔水层性质。
				1)	深部地下水沿岩脉（岩浆侵入体）接触裂隙带上升涌出地表而形成的泉[20]。
				2)	岩脉或岩浆岩侵入体与围岩的接触带，地下水沿冷凝收缩形成的导水通道出露[11]。
537	接触方式评价	预测评价类	contact method evaluation	接触方式评价 contact method evaluation	指确定与某些有毒有害化学或物理媒介接触对人类及人类活动范围或生态系统时的负面效应的相关工作及结果。
				1)	指某种化学或物理媒介（及污染物）与人类或其他生态效应接受体的相互作用方式评价。包括确定污染物接触人类或其他生态效应接受体的方式和途径以及这种接触方式的频率、程度和持久性[10]。
538	接触泉	水文地质基础	contact spring	接触泉 contact spring	指含水层与相对隔水层界面附近地下水位高于地表时的地下水露头。
				1)	地形切割使相对隔水层底板出露，地下水从含水层与隔水底板接触处出露[11]。
				2)	一种重力泉，分布在含水层与隔水层交界处的泉[1,3]。
				3)	潜水沿含水层的隔水底板的接触面涌出的泉[20]。
539	接触式蓄水构造	水文地质基础	contact water storage	接触式蓄水构造 contact water	指构造运动或岩浆活动产生的具有一定空隙空间的地质体与相对隔水的地质体相接触时构成的一种含

			structure	storage structure	水层系统。
				1)	当碎屑沉积岩层中岩脉或大型岩体入侵时，常常可以形成接触式的岩脉蓄水构造或侵入接触蓄水构造[2]。
540	节理	基础地质	joint	节理 joint	
				1)	岩石中未发生位移的实际的或潜在的破裂面或裂理面。这种面通常都是平面且常互相平行产出，形成一组节理的一部分[1]。
				2)	指岩层、岩体中的一种破裂，但破裂面两侧的岩块没有发生显著的位移[7]。
541	节制开采量	地下水资源	moderate exploitation amount	节制开采量 moderate exploitation amount	指在某些水资源贫乏地区，为了实现水资源合理且较长期利用的目标而确定的开采量。
542	结构水	水文地质基础	constitutional water	结构水 constitutional water	又称化合水。指参与矿物晶格形成的水。
				1)	化学结合水。以 H^+ 和 OH^- 的形式存在于矿物结晶格架某一位置上的水[4]。
				2)	呈 $H^+(OH)^-$、$(H_3O)^+$ 等形式参加矿物晶格的离子；这些离子在晶格中占有确定的位置，数量上与其他元素成一定的比例，只有在较高的温度（一般在数百度到 1000℃ 之间）下，当晶格破坏时，它们才组成水分子从矿物中析出[1]。
543	结合水	水文地质基础	bound water	结合水 bound water	指被固体颗粒的表面上分子引力和静电引力吸附且在重力作用下不能自由流动的水。
				1)	颗粒及岩土空隙表面都带有电荷，固相表面引力大于自身重力的水，便是结合水。内层为强结合水，外层是弱结合水[11]。
				2)	被土颗粒的分子引力和静电引力吸附在颗粒表面的一层水膜。按其被吸附的牢固程度，可分为组成水膜内层的吸着水和组成水膜外层的薄膜水两种[1,3]。
544	结晶水	水文地质基础	crystal water	结晶水 crystal water	指参与矿物结构晶格之外的相对独立的，且在一定温度条件下可以析出并不影响矿物化学性质的水。
				1)	以 H_2O 分子形式存在于矿物结晶格架固定位置上的水，在高温下（100~400℃）能析出，此时矿物的结晶形态发生变化，但化学性质不变[1,3]。
545	捷径式入渗	地下水动力学	short-cut infiltration preferential infiltration	捷径式入渗 short-cut infiltration preferential infiltration	指补给水源沿包气带岩土体中的优先通道到达含水层或者后期入渗的水比先期进入包气带的水更早到达含水层的一种补给方式。
				1)	下渗水流呈指状推进，存在快速运移的优先流，出现于发育虫孔、根孔和裂隙的黏性土，以及裂隙岩溶发育不均匀的基岩[11]。
546	解逆方法	技术方法	inverse method	解逆方法 inverse method	指根据已有的开采量或监测数据求解渗透系数并确定含水层补给系数及边界的一种数学或数值方法。
				1)	在正式进行资源评价（解正问题）之前，要根据现有开采量的统计和动态观测资料或者大型抽水试验材料，用数值方法反求水文地质参数、某些边界条

				件或垂直方向的补给、排泄量等[2]。
547	解正问题	技术方法	solving direct problems	解正问题 solving direct problems	指按照设计开采期内的开采方案计算含水层水头时间变化量的一种地下水资源评价方法。
				1)	即进行地下水资源评价。通常根据开采方案和设计的开采量，算出各结点不同时段的水头值，看降深是否允许，即最大降深是否超过了给定的允许最大降深值。如果超过了规定，则改变布井方案和开采量，重复进行计算，直到获得满意的结果为止[2]。
548	浸润曲线	地下水动力学	curve of free surface	浸润曲线 curve of free surface	又称地下水的自由表面曲线。指含水层中任一剖面方向上地下水位与包气带界面相交的一条线（特殊方向就是流线方向）。也指毛细上升带饱水构成的曲线。
				1)	自由表面与垂直剖面的交线，为一流线[1,3]。
				2)	潜水面或承压水的测压水面与水流方向剖面的交线。对潜水又称潜水浸润曲线[4]。
				3)	地下水在岩石空隙中运动时，总要消耗一部分水头，如沿地下水运动方向任取一垂直剖面，即可得到一条水头降落曲线，在潜水中称为浸润曲线[10]。
549	精密度	数理	precision	精密度 precision	指同一子场数据随机误差大小。
				1)	如果观测的随机误差小，则称观测的精密度高，可以增加观测次数取其平均值来提高观测的精密度[8]。
550	井	工程类	well	井 well	指能够从中获取地下水的一种构筑物。
				1)	指汲取地下水的一种构筑物[10]。
551	井壁进水流速	参数	inflow velocity of wall	井壁进水流速 inflow velocity of wall	
				1)	指地下水流通过井壁处的流速[10]。
552	井出水能力	地下水动力学	well output capacity	井出水能力 well output capacity	指井壁通过地下水的流量。
				1)	指由管井自身结构所决定的管井最大允许出水量[10]。
553	井径	工程类	hole diameter	井径 hole diameter	指穿过含水层的钻孔直径。
				1)	井中心至含水层与管井滤料层的交界处[10]。
554	井流	地下水动力学	well flow	井流 well flow	指地下水向井或钻孔的流动方式。
				1)	用管井开采地下水时，汇向井的水流简称井流[2]。
555	井群	工程类	wells group	井群 wells group	又称井组。指间距不大且渗流互有影响的一组井。广义上指同一地区或同一含水层中多口钻孔或井的总称。地下水动力计算中指同一含水层中某一井抽水时，周围受到影响的所有井。
				1)	在抽水井影响半径范围内有 2 口及以上的抽水井或注水井[5]。
556	井损	地下水动力学	well loss	井损 well loss	指由于安装取水过滤器导致钻孔中取水管内水头小于管外水头的现象。
				1)	抽水井中由于水流通过滤水管和在井管内运动的水流所引起的水头损失[1,3]。
				2)	抽水井中当井管外面的水通过过滤器的孔眼进入井

					内时的水头损失，以及井管内部水向上运动至水泵吸水口途中的水头损失，统称井损[5]。
557	净灌量	地下水资源	net quantity of injected water	净灌量 net quantity of injected water	指地下水人工回注过程中注水总量与回扬量的差。
				1)	回灌量与回扬量之差[4]。
558	静储量	地下水资源	static reserve	静储量 static reserve	指重力作用下含水层中不受补给量影响的能自由流动的水量总和。
				1)	又称永久储量，是潜水最低水位以下（即地下水位变动带以下）含水层中重力水的体积，或承压含水层中重力水的体积，单位为[m³]。相当于储存资源中的容积储存量[1,3]。
				2)	一般指储存于地下水最低水位以下含水层中的重力水的体积。亦即当含水层全部疏干后所能获得的地下水量，数值上等于含水层的体积与给水度的乘积[2]。
				3)	地下水位年变动带以下含水层（带）中储存的重力水体积[12]。
559	静水位	地下水资源	static groundwater level	静水位 static groundwater level	指含水层未受到外界干扰时的水位。
				1)	抽水前或水位恢复后井孔中的地下水位[1,3]。
560	镜像法	技术方法	method of imagines	镜像法 method of imagines	指用解析法求取某一有界含水层中水文地质参数时，以边界作为镜面将真实井映出一系列虚拟井的数学解析方法。
				1)	把直线边界想象成一面镜子，若边界附近存在着工作的真实的井（称为实井），相应地在边界的另一侧会映出一口虚构的井（称为虚井），利用虚井把有界含水层的解和无界含水层的解联系起来，后者有现成的解析解，这种方法称为镜像法或映射法[5]。
				2)	利用渗流叠加原理，处理地下水边界问题时的一种计算方法。当直线边界附近有井或井群工作时，以边界作为对称面，在边界的另一侧虚设流量相同的井或井群，并使边界两侧的井或井群同时工作时，保持原水流条件，这样就以虚设的井或井群代替边界的作用[4]。
561	绝对误差	数理	absolute error	绝对误差 absolute error	
				1)	观测对象的真值与近似值之差[8]。
562	均衡开采量	地下水资源	equilibrium exploitation amount	均衡开采量 equilibrium exploitation amount	指某一地区或某一含水层地下水开采量与从特定区域或含水层之外获取的水量相等时的数量。
				1)	均衡开采量是参与开采均衡的地下水数量，通常以资源更生能力所获得的有补给保证的动储量为依据[2]。
563	均衡期	地下水资源	balance duration/period	均衡期 balance duration/period	指人为指定计算或评价某一地区或某一含水层地下水量变化的时段。
				1)	进行地下水资源均衡计算时所选定的时间段，称为均衡期，可以是若干年，一年，也可以是某一

					段时间[11]。
				2）	水均衡计算的时段[4]。
564	均衡区	地下水资源	area for water balance	均衡区 area for water balance	又称水均衡区。指人为规定的地下水资源量计算区域。
				1）	进行均衡计算时所选定的地区，最好取具有隔水边界的完整地下含水系统[11]。
				2）	在水均衡计算中和均衡观测工作中，所选择的某一基准面以上具有明显边界的水文地质单元或地段[4]。
565	均匀流	地下水动力学	uniform flow	均匀流 uniform flow	指单位面积上地下水的流速相等流量相同的一种地下水流动方式。
				1）	地下水的流速大小或方向沿着流程保持不变的流动[1,3]。
				2）	流速和水力坡度的大小或方向沿流程保持不变的水流[4]。
566	均质各向同性介质	水文地质基础	homogeneous isotropic medium	均质各向同性介质 homogeneous isotropic medium	指在任意方向任意位置水力学参数恒定的一种理想介质。
				1）	某点的性质（如渗透性等）与方向无关，在各方向均相同的含水介质[4, 20]。
				2）	渗透性等性质与方向无关的多孔介质[4]。
567	均质各向异性介质	水文地质基础	homogeneous anisotropic medium	均质各向异性介质 homogeneous anisotropic medium	指在一定范围内，颗粒大小、孔隙或裂隙等基本相同，而导水性和导热性具有方向性的介质。
				1）	某点的性质（渗透性、导热性等）与方向有关的含水介质[1]。
				2）	渗透性等性质随方向变化的含水介质[4]。
568	均质介质	水文地质基础	homogeneous medium	均质介质 homogeneous medium	指介质的物质成分、颗粒大小、孔隙和孔隙度等物理参数不随空间变化的一类地质体。
				1）	多孔介质的某一性质（如渗透性、导水系数或导热性等）与空间位置（点的坐标）无关，在研究的区域内其性质在各处相同[1,3]。
				2）	在研究区域内介质的某一性质（如渗透性、导水性、导热性等）各处相同，即与空间坐标无关的多孔介质[4]。
569	均质岩层	水文地质基础	lithostrome	均质岩层 lithostrome	指物理参数（非水力学参数）不随空间变化的地质体。
				1）	在渗流场中，所有点都具有相同的渗透系数，称该岩层是均质的，否则为非均质的[5]。
570	Jacob 公式	技术方法	Jacob formula	Jacob 公式 Jacob formula	指在抽水试验中求取某一含水层水文地质参数与时间的关系函数的简化数学表达式，由 Jacob 发明而得名。
				1）	当距抽水井径向距离（r）较小而抽水时间（t）较大（$u = r^2/4at < 0.01$）时，泰斯公式的近似表达式。公式为 $s = \dfrac{Q}{4\pi T}\ln\dfrac{2.25Tt}{r^2 S}$。式中，$s$ 为水位降深；

					Q 为流量；T 为导水系数；t 为时间；r 为径向距离[5]。
				2)	当距抽水井径向距离（r）较小而抽水时间（t）较长（$u = r^2/4at < 0.01$）时，泰斯公式的近似表达式[4]。

K

571	喀斯特	水文地质基础	karst	喀斯特 karst	为 "karst" 的音译，又称为岩溶。指具有溶蚀能力的流水对岩层产生的溶蚀现象、水文现象及溶蚀结果的总称。
				1)	喀斯特是一种地质作用过程，它既指具有侵蚀性的流动的水流对透水的可溶的岩石产生化学溶解和物理机械的破坏作用，又指这种作用产生的结果[2]。
572	喀斯特含水层	水文地质基础	karst aquifer	喀斯特含水层 karst aquifer	指溶蚀空间充满水时的可溶性地质体。
				1)	又称岩溶含水层，是指可溶岩层溶隙发育而构成的含水层，以碳酸盐类岩石为主[2]。
573	喀斯特侵蚀基准面	水文地质基础	base level of karst erosion	喀斯特侵蚀基准面 base level of karst erosion	指可溶性岩层分布区喀斯特现象分布的最低海拔构成的一个理想面，理论上可达到可溶性岩层的最低界面。
				1)	指目前喀斯特发育的基准面，它不代表喀斯特发育的最终结局，当其地壳上升或下降时，喀斯特侵蚀基准面又要发生变化，去适应新的环境，所以它是相对暂时性的[2]。
574	开采补给量	地下水资源	additional recharge	开采补给量 additional recharge	指开采条件下某一含水层从其外部获得的补给水量。
				1)	开采条件下，地下水补给与循环条件改变后所增加的补给量。开采补给量的大小主要决定于取水建筑、补给边界的导水能力、地下水流域的大小和其补给水源的性质等因素[2]。
575	开采储量	地下水资源	storage	开采储量 storage	指某一地区或含水层在技术可行，经济合理且不影响所在区域或含水层地下水量减少或环境恶化可开采的地下水量。注：该概念现在基本不用。
				1)	指在一定的经济技术条件下，使在整个开采期间不发生明显的水量减少或水质恶化等不良现象，用取水工程从含水层中所能开采出来的地下水量[2]。
576	开采地下水影响评价	预测评价类	impact assessment of groundwater exploitation	开采地下水影响评价 impact assessment of groundwater exploitation	指针对某一地区或某一含水层开采量对本区及相邻区域的影响的相关工作及成果。
				1)	评价开采地下水时可能产生的影响，如对邻近现有的取水工程、其他水利工程经济效益的干扰和地面沉降等的评价[2]。
577	开采技术条件评价	预测评价类	assessment of mining technological conditions	开采技术条件评价 assessment of mining technological conditions	指针对某一含水层可选的开采技术方案（包括设备）的适宜性及经济性所做的相关工作及成果。
				1)	主要指开采期内水温下降值是否会超过技术允许的范围，地下水对取水构筑物是否可能出现腐蚀作用以及水井可能的使用年限等[2]。

578	开采模数	参数	exploitation modulus	开采模数 exploitation modulus	指一个水文年内一个地区所有含水层单位面积理论上可开采的地下水量，量纲为[L/T]。
				1）	单位面积含水层的可开采量。常用单位为[m³/a·km²][1,3]。
				2）	单位时间从单位面积含水层中抽取出的地下水量，常用单位为[m³/km²·a]或[L/km²·s][4]。
579	开采强度法	技术方法	mining intensity method	开采强度法 mining intensity method	指利用某一含水层区域单井或井群最大水位降深获得的抽水量再通过面积比拟法确定评价区地下水可开采总量的过程及结果。
				1）	在大范围的平原开采区，可将井位分布较均匀、水井流量相差不大的区域概化成一个或几个规则形状的开采区，将分散井群的总流量概化为开采强度。然后按非稳定流的面积井公式去推算设计水位降深条件下的开采量或给定开采量条件下某一时刻开采区中心的水位降深。这种方法即为开采强度法[4]。
				2）	把井位分布较均匀、流量彼此相近的井群区概化成规则的开采区，如矩形区或圆形区，再把井群的总开采量概化成开采强度（单位面积上的开采量），利用开采强度公式计算开采量[12]。
580	开采试验法	技术方法	exploitation pumping test method	开采试验法 exploitation pumping test method	指采用单井或井群抽水试验成果确定某一地区或含水层资源量的过程及结果。
				1）	在地下水的非补给期（或枯水期）按接近取水工程设计的开采条件进行较长时间的抽水试验，然后根据抽水量、水位降深动态或开采条件下的水量均衡方程求解出水源地枯季补给量，并以此量作为水源地的允许开采量[4]。
				2）	按未来的开采条件，或接近开采条件进行抽水试验，直接或间接评价可开采量。方法适用于水文地质条件复杂，一时很难查清补给条件而又急需做出评价的中小型水源地[1,3]。
581	开采资源	地下水资源	exploitable resource	开采资源 exploitable resource	指在现有技术可行经济合理且不产生环境负效应的条件下，一个地区或含水层可开采的地下水量。
				1）	即可开采量或开采储量。是实际能开采利用的地下水资源，即在设计的开采期内，在合理的技术经济开采方案和开采动态以及不引起不良的水文地质工程地质现象的条件下，单位时间内从含水层可开采的地下水量。它是由一部分天然资源、补充资源和可动用的储存量和人工补给量等组成的[1,3]。
				2）	在一定的技术经济条件下，在不至于引起严重环境地质问题的前提下，单位时间内可以从含水层中取出的地下水量，常用于表征区域性的地下水开采资源[4]。
582	开拓井巷涌水量	工程类	water yield during excavation	开拓井巷涌水量 water yield during excavation	
				1）	矿山在开拓过程中，单位时间内流入矿井（巷）的水量[4]。
583	坎儿井	工程类	karez	坎儿井 karez	指干旱地区由竖井和地表地下输水廊道和取水井等设施构成的一种取水系统。

				1)	一种地下截水输入廊道。下由直井、地廊道、明渠、涝坝四部分组成[1,3]。
				2)	一种由直井、地下廊道组成的截水和输水的地下廊道系统（直井作为分段施工和建成后检修清淤之用），适用于开采山前地区洪积层中水面坡度较大的潜水，由于廊道坡度小于地面坡度，故可将地下水自流引出地面[4]。
584	可变电荷	水化学-水文地球化学	variable charge	可变电荷 variable charge	指土壤或岩石颗粒表层随环境变化而变化的电荷。
				1)	通过络合反应在固体表面形成的电荷可随着水溶液 pH 及其成分的变换而变化，把这种方式在固体表面所形成的电荷称为可变电荷[9]。
				2)	可变电荷是颗粒表面产生化学解离形成的，其表面电荷的性质（正电荷或负电荷）及数量往往随介质的 pH 的改变而变化，所以称为可变电荷[6]。
585	可溶性岩石	水文地质基础	soluble rocks	可溶性岩石 soluble rocks	指可被地表水或地下水以化学方式溶解解体的岩石总称。
				1)	主要是各种大理石岩。它们在地下水的作用下可以产生导水性较强的潜蚀裂隙、溶孔及溶洞，形成岩溶裂隙水[2]。
586	空隙率	参数	porosity	空隙率 porosity	指单位体积岩土体中空隙与岩土体总体积的比值，总体积包括固体骨架及孔隙。
				1)	单位体积岩石中孔隙和裂隙的总体积[1]。
587	孔	水文地质基础	pore	孔 pore	指人工或天然形成的同一介质不连续近于球状的空间。
				1)	人工或天然形成的圆柱状孔洞[10]。
588	孔腹	水文地质基础	pore abdomen	孔腹 pore abdomen	指多颗粒间（3 个及 3 个以上）空隙最宽广的部分。
				1)	孔隙形状复杂的网络，最宽大部分称为孔腹[11]。
589	孔喉	水文地质基础	pore throat	孔喉 pore throat	指多颗粒间（2 个及 2 个以上）空隙最狭窄的部分。
				1)	孔隙形状复杂的网络，最狭窄部分称为孔喉[11]。
590	孔角毛细水	水文地质基础	capillary water of contact point	孔角毛细水 capillary water of contact point	指毛细水上升带中两个颗粒接触时在接触点附近存在且在重力作用下不能流动的水。
				1)	也称为触点水，当水分徐徐进入土中而不是充满颗粒之间的全部孔隙空间时，就在颗粒接触的地方形成单独的水聚集体[2]。
591	孔内爆破	技术方法	downhole explosion; downhole springing	孔内爆破 downhole explosion; downhole springing	指在钻孔中进行破裂岩石的一种方法。
				1)	在钻孔内放炸药爆破，以增加裂隙的数量和密度，增大水、油、气等向钻孔的运移速度，这是在裂隙性岩石中增大钻孔流量的一种方法[1,3]。
592	孔隙	水文地质基础	pore	孔隙 pore	指相对独立或明显能分辨出介质边界之间的空间。
				1)	松散（半松散）岩层由大小不等的颗粒组成，颗粒及颗粒集合体之间的空隙称为孔隙[11]。
				2)	一般指松散岩土颗粒间的空间[4]。

593	孔隙比	参数	air-space ratio; pore ratio; void ratio; porosity ratio	孔隙比 air-space ratio; pore ratio; void ratio; porosity ratio	指岩土体中的空隙体积与岩土体骨架的体积的比值,无量纲。
				1)	松散岩石的孔隙体积与颗粒体积之比[20]。
				2)	土和岩石的孔隙体积与土或岩石骨架的体积之比[3,4]。
594	孔隙度	参数	porosity	孔隙度 porosity	指岩土体中孔隙体积与总体积的比值。孔隙度大小取决于颗粒的分选程度、排列情况和胶结程度,无量纲。
				1)	又称孔隙率,是岩石和土中的孔隙体积与岩石和土体总体积之比。常用百分数表示[11]。
				2)	又称孔隙率,土或岩石的孔隙体积与包括空隙在内的土或岩石的总体积之比[3]。
				3)	孔隙体积和多孔介质总体积之比[5]。
				4)	单位体积岩土(包括孔隙在内)中孔隙所占的比例[11]。
				5)	土和岩石中所有孔隙体积与土和岩石总体积之比[4]。
				6)	当孔隙中的流体成分和饱和度保持稳定时,孔隙度的变化既可引起地震波运动学和动力学性质的变化,又可产生电性(电阻率、介电常数等)的变化[10]。
595	孔隙含水层	水文地质基础	porous aquifer	孔隙含水层 porous aquifer	指地下水赋存空间以孔隙为主体的地质体。为地下水按介质类型属性分类的一种分类结果。
				1)	大多数是松散沉积物,如沙砾石含水层,各种砂含水层等[2]。
				2)	以孔隙为储水空间的含水层[4]。
599	孔隙介质	水文地质基础	pore medium	孔隙介质 pore medium	指空隙存在于相对独立的颗粒之间或相对独立的空隙集合体的一类地质体。
				1)	赋存流体且流体可在其中运动的孔隙岩层[4]。
597	孔隙-裂隙含水层	水文地质基础	pore-fissure aquifer	孔隙-裂隙含水层 pore-fissure aquifer	指地下水赋存空间内既有孔隙特征,部分又有裂隙特征的地质体。
				1)	当成岩程度不高而分选性良好的砂岩、砾岩等粗粒沉积岩与泥岩、页岩等细粒沉积岩互层时,粗粒沉积岩构成孔隙-裂隙含水层,细粒沉积岩则成为相对隔水层[2]。
				2)	具有孔隙和裂隙的岩石所构成的含水层[4]。
598	孔隙裂隙水	水文地质基础	pore fissure water	孔隙裂隙水 pore fissure water	指存在以裂隙空隙为主,孔隙空隙为次的介质中的地下水。
				1)	风化较强烈的岩石中,除裂隙含水外,风化后形成的大、小空隙中也含水。这种岩石的含水性较均匀,具有某些与孔隙水相近的特征,称为孔隙裂隙水[1,3]。
599	孔隙水	水文地质基础	pore water	孔隙水 pore water	指赋存在岩土体中相对独立颗粒(或近似颗粒)之间空隙中的地下水。
				1)	埋藏在粒间孔隙含水层中的地下水[2]。
				2)	存在于岩层孔隙中的地下水[4]。
				3)	存在于土层或岩层孔隙中的地下水[1,3]。
600	孔隙水压力	水文地质基础	pore water pressure	孔隙水压力 pore water pressure	指岩土体孔隙中的水承担并传递的压力。

				1)	又称中性压力，即土孔隙中水承担的压力。一般指由附加压力引起的超静水压力[1,3]。
601	枯水期	地下水资源	dry season	枯水期 dry season	指一个水文年内，降水量月平均值明显小于年平均值的这一连续时段。
				1)	在某地区，流域内地表水流枯竭，多年平均降水量较少，主要依靠地下水补给水源的时期。
602	库尔洛夫式	水化学-水文地球化学	Kurllov's formula	库尔洛夫式 Kurllov's formula	指由库尔洛夫（Kurllov）发明，用繁分式表示地下水化学成分的方法。繁分式的分子为阴离子，分母为阳离子，下标为该离子毫克当量百分数（毫克当量百分数为实测的每升水中某一组分的质量除以该组分的相对分子质量再乘该组分的价态数），上标为原子个数，阴阳离子均按毫克当量百分数自大而小的顺序排列，小于10%的离子不予表示。在分式前依次表示特殊成分、气体成分及 TDS（以字母 M 为代号），三者单位均为[g/L]，分式后列出水温及涌水量。
				1)	采用化学成分表示式反映水的化学特点。将阴阳离子分别表示在一条横线上下，均按毫克当量百分数自大而小的顺序排列，小于10%的离子不予表示。横线前依次表示特殊成分、气体成分及矿化度（以字母 M 为代号），三者单位均为[g/L]，横线后以字母 T 为代号表示水的温度[9]。
				2)	用类似数学分式的形式表示水的化学成分的方法。其表示方法是：在分子的位置上按含量的多少顺序列出各阴离子及其毫克当量百分数，（小数部分四舍五入）在分母的位置上表示各阳离子及其毫克当量百分数，也按含量多少依次排列。凡是含量少于10%的离子都不列入式中。在分式的前端标明水的总矿化度（M）以及各种气体成分和微量成分的含量，（单位为[g/L]），在分式后端列出水温 T（单位为[℃]）与涌水量 D（单位为[L/s]）。表示式为 $$=\frac{\text{微量元素(g/L)·气体成分(g/L)·矿化度(g/L)}\ \text{阴离子(meq\%>10\%者由大到小列入)}}{\text{阳离子(meq\%<10\%者由大到小列入)}}$$ 式中，meq%表示毫克当量百分数，必要时，分式中可将 meq%小于 10%者列入，用[ ]表示，分式后端可列出水温和涌水量[3,4]。
603	矿床充水	工程类	flooding of ore deposit（deposit water filling）	矿床充水 flooding of ore deposit（deposit water filling）	指矿山开发过程中，短时间内开采空间涌入大量水的现象。
				1)	储集于矿体（层）及其围岩中的地下水，在矿山采掘时这一部分水可以进入坑道[4]。
				2)	矿体尤其是围岩中赋存有地下水，这种现象称矿床充水[12]。
604	矿床充水强度	工程类	intensity of ore deposit flooding	矿床充水强度 intensity of ore deposit flooding	指单位时间内涌入开采空间的水量。
				1)	单位时间内涌入矿坑（井）的水量[4]。
605	矿床充水水源	工程类	water source of ore deposit flooding	矿床充水水源 water source of ore deposit flooding	指可能进入矿床开采空间的水源总称。
				1)	指矿床充水和矿坑涌水的主要补给水源，包括大气降水、地表水、地下水和老窿水等[4]。

606	矿床充水条件	工程类	flooding condition of ore deposit	矿床充水条件 flooding condition of ore deposit	指影响矿床充水过程的气象水文、地质及水文地质条件总和。
				1)	矿床充水水源、充水通道以及影响矿床充(涌)水性质和强度的诸因素[4]。
				2)	水源与通道构成矿床充水的基本条件[12]。
607	矿床充水通道	工程类	flooding passage in ore deposit	矿床充水通道 flooding passage in ore deposit	指水源进入矿床开采空间的天然或施工产生的水流路径。
				1)	水源进入矿井的途径[12]。
				2)	矿床充水的水流途径[4]。
608	矿床充水因素	工程类	water-filling factors of mines	矿床充水因素 water-filling factors of mines	指矿床发生充水现象的气象水文、地质及人为因素的总和。
				1)	造成和影响矿床充水的水文地质因素。包括自然地理因素、地质因素、人为因素等[1,3]。
				2)	水源、通道、充水强度影响因素,统称为矿床充水因素[12]。
609	矿床水文地质类型	水文地质基础	hydrogeological type of ore deposit	矿床水文地质类型 hydrogeological type of ore deposit	指以水文地质条件为属性对矿床进行的一种分类结果。
				1)	在总结研究各类矿床水文地质特征基础上,根据相似的水文地质条件和矿床开采时所产生的共同性水文地质问题,对矿床进行的分类[4]。
				2)	在了解矿床所处的内外环境与充水条件及充水强度之间关系的基础上,划分不同的水文地质类型,明确各类型的基本水文地质特征[12]。
				3)	根据矿床充水含水层的空隙特征所划分的水文地质类型。固体矿床一般可划分为三大类型:①为充水岩层以孔隙岩层为主的矿床。②为充水岩层以裂隙岩层为主的矿床。③为充水岩层以溶洞岩层为主的矿床。根据水文地质、工程地质条件又可进一步划分为简单的、中等的和复杂的三种类型[1,3]。
610	矿湖	水化学-水文地球化学	mineral lake	矿湖 mineral lake	指湖水中溶解性总固体占总重量35%以上的湖泊。
				1)	可溶盐含量达重量35%以上的湖,其中含氯化钠、硫酸钠、硫酸镁、碳酸钠等[1,3]。
611	矿井突水	工程类	water gushing in mines	矿井突水 water gushing in mines	指矿井施工或采矿时涌入作业面的水量远远大于平时出水量的一种地下水排泄现象。
				1)	掘进或采矿过程中当坑道揭穿导水断裂、富水溶洞、积水老窿,大量地下水突然涌入矿山井巷的现象[1,3]。
612	矿坑突水量	工程类	bursting water quantity of mines	矿坑突水量 bursting water quantity of mines	指某一突水点单位时间排泄至矿坑井巷中的水量,量纲为[L/T]。
				1)	矿井突水点单位时间突入井巷的水量[4]。
613	矿坑涌砂	工程类	sand gushing in mines	矿坑涌砂 sand gushing in mines	指矿山地下作业区某一位置突水时夹带泥砂的现象。

					1)	在掘进或采矿过程中，坑道揭露未固结含水砂层，充填未固结泥沙的富水溶洞，或沟通地表水的导水通道时，地下水和泥沙同时涌入井巷的现象[1,3]。
614	矿坑涌水量	工程类	water yield of mines	矿坑涌水量 water yield of mines		流入矿井巷道内的所有水的总量。
					1)	指矿山在开拓及开采过程中，单位时间内流入矿坑的水量[4]。
615	矿坑涌水量预测	预测评价类	prediction of gushing water in mines	矿坑涌水量预测 prediction of gushing water in mines		指以矿井所在区域的水文地质条件为基础，对开发进度的各阶段可能排泄至井巷内的地下水量进行预估的一系列工作及结果。
					1)	矿坑涌水量大小是评价矿坑充水条件复杂程度的主要标志，它也是制订矿山疏干排水设计的主要依据。因此在勘查阶段需要根据一定的矿坑设计方案计算矿坑涌水量。地下开采时，一般要求预测井筒、各开采水平坑道涌水量以及全矿最大涌水量。露天开采时，要预测各开采台阶的全矿涌水量。矿坑涌水量在雨季和旱季往往差别很大，特别是浅埋矿、露天矿区、裸露岩溶矿区更是如此，雨季和旱季涌水量可相差几倍、几十倍或更大，因此预测矿坑涌水量的季节变化，对排水设计有重要意义[1,3]。
					2)	论证并确定矿区水文地质边界，建立水文地质模型、数学模型并论证其合理性；阐明各计算参数的来源，并论证其可靠性和代表性；对各种计算方法计算的结果进行分析对比，推荐可供矿山建设设计利用的矿坑涌水量，并分析涌水量可能偏大、偏小的原因[6,9]。
616	矿坑正常涌水量	工程类	normal water yield of mines	矿坑正常涌水量 normal water yield of mines		指矿坑中符合各水文地质条件下理论计算量范围的出水量。
					1)	开采系统达到某一标高（水平或中段）时，常状态下保持相对稳定的涌水量[4]。
					2)	有变化规律的矿坑充水因素（不含井巷突水、地表水倒灌等）所形成的矿坑涌水量的常见值[6,9]。
617	矿坑最大涌水量	工程类	maximum water yield of mines	矿坑最大涌水量 maximum water yield of mines		指矿山开采过程中观测的单次或单位时间最大出水量。
					1)	开采系统在丰水期的最大涌水量[4]。
					2)	有变化规律的矿坑充水因素（不含井巷突水、地表水倒灌等）所形成矿坑涌水量的最高峰值，计算方法依矿区的气象和水文地质条件具体情况确定[6,9]。
618	矿泥	水文地质基础	mineral mud	矿泥 mineral mud		指含有一种或多种达到经济利用价值且没有固结成岩的沉积物。
					1)	海湾、湖泊、池沼等处的矿物和有机物沉淀，经过复杂的物理化学和生物化学变化的产物[1,3]。
619	矿区环境地质	水文地质基础	mining environmental geology	矿区环境地质 mining environmental geology		指矿山开发全生命周期和闭矿后矿区及外部一定范围内的地质环境要素的总称。
					1)	指矿区地质环境现状，以及矿山建设和采选过程中人为因素与地质环境之间的相互影响，并由此产生的地质环境破坏和污染等问题的总称[6,9]。

620	矿区环境地质质量评价	预测评价类	quality evaluation of mining environmental geology	矿区环境地质质量评价 quality evaluation of mining environmental geology	指矿山生命周期及闭矿后一定时期内确定地质环境质量要素的现状和变化特征的相关工作及结果。
				1)	指对矿区地质环境质量现状的评价和对矿山开采条件下的地质环境质量进行预测,进而提出控制和消除因采矿而产生的有害作用及合理开发和保护地质环境的对策[9]。
621	矿泉	水化学-水文地球化学	mineral spring	矿泉 mineral spring	指含有经济利用价值组分的地下水天然露头。
				1)	矿水的天然露头。矿泉的形成必须有深部的矿水来源及矿水通向地表的通道,因此它多分布于火山活动地带、大断裂带以及火成岩侵入体与围岩接触带附近[1,3]。
				2)	矿水的天然露头。
622	矿水	水化学-水文地球化学	mineral water	矿水 mineral water	指含有经济价值组分的地下水。
				1)	含有某些特殊组分或气体,或者有较高温度、具医疗作用的地下水[1,3]。
				2)	含有某些特殊组分或气体,或者有较高温度、具有医疗作用的地下水[4]。
623	矿物	基础地质	mineral	矿物 mineral	
				1)	由地质作用所形成的天然单质或化合物[1]。
				2)	能独立存在于自然界的单质和化合物称为矿物[7]。
624	矿物的饱和度	水化学-水文地球化学	mineral saturation (ST)	矿物的饱和度 mineral saturation (ST)	指在一定条件下某种矿物水中溶解组分的活度积与该矿物最大活度积的比值。
				1)	$ST = I_{Ap}/K_m$。式中,I_{Ap} 表示矿物溶解反应中相关离子的活度积;K_m 为该反应的平衡常数[9]。
625	矿物的氧化作用	水化学-水文地球化学	mineral oxidation	矿物的氧化作用 mineral oxidation	指含有可变价元素矿物中的低化合价元素失去电子向高化合价转化的过程。
				1)	组成矿物的元素的原子失去电子时,矿物就发生氧化[2]。
626	矿物离解作用	水化学-水文地球化学	mineral decomposition	矿物离解作用 mineral decomposition	指矿物溶于水并分离成阴阳离子的过程。
				1)	水岩作用过程中矿物发生溶解的重要作用[5]。
627	矿物离子的活度积(IAP)	水化学-水文地球化学	ion activity product	矿物离子的活度积(IAP) ion activity product	指地下水中含有相同离子矿物中阴阳离子浓度的积。
				1)	表示矿物溶解反应中相关离子的活度积。根据水样的水质分析结果,在求得组分活度系数的基础上,即可方便地求出相关矿物的 I_{Ap}[9]。
628	扩散	水化学-水文地球化学	diffusion	扩散 diffusion	指由于表面张力引起某一组分向水体三维方向转移的过程。
				1)	指由于分子扩散而引起的污染物迁移和稀释[10]。

629	扩散迁移	水化学-水文地球化学	dispersion and migration	扩散迁移 dispersion and migration	指地下水中某一组分质点位移发生变化的一种现象。
				1）	扩散是均一体系中物质迁移的主要方式，它是溶剂分子或溶质离子或其他形式的各种粒子通过扩散过程微观地位移，扩散作用发生的动力条件是因为体系各部分的浓度差（浓度梯度）、压力差（压力梯度）和温度差（温度梯度）等[2]。
	L				
630	朗缪尔等温式	技术方法	Langmuir isotherm	朗缪尔等温式 langmuir isotherm	指基于分子运动理论及相关假设的低-中压力范围固体表面的离子吸附表达式，由朗缪尔发明而得名。
				1）	朗缪尔等温式最初是用来描述固体吸附气体的，该方程于 1918 年由朗缪尔提出。后来发现，它可用来描述固体表面的离子吸附，被许多学者广泛地用来描述土壤及沉淀物对各种溶质（特别是污染物）的吸附。它的数学表达式为：$w = \dfrac{w_m + K_\rho}{1 + K_\rho}$。式中，$w_m$ 为某组分的最大吸附质量分数，单位为[mg/kg]；K 为与键能有关的常数[10]。
631	老窑水	水文地质基础	goaf water	老窑水 goaf water	又称老塘水，指矿山采空区储存的地下水。
				1）	储集于已废弃或停止使用矿山坑道和采空区中的水体[4]。
				2）	古代采矿的小井和采空范围，及现代生产矿井已采空的范围（包括废弃的井筒和巷道），通称为老塘。老塘中由于地表渗水或地下水流入而长期积聚的水称老塘水[1,3]。
632	雷诺数	参数	Reynolds	雷诺数 Reynolds	指管内水流惯性力与黏性力的比值，其大小表示黏性力对流动的影响程度。低雷诺数时，流动倾向于层流，高雷诺数时，流动倾向于紊流。
				1）	表示管内水流惯性力与黏滞力的比值的量。它是作为判别层流与紊流状态的指标[1,3]。
				2）	判断水流呈层流和紊流状态的指数。其值为管内惯性力与黏滞力的比值，与地下水渗透速度，含水介质颗粒平均粒径成正比，与地下水运动黏滞系数成反比[4]。
633	类质同象置换	水化学-水文地球化学	isomorphous substitution	类质同象置换 isomorphous substitution	指矿物晶格中某些阳离子被其他带有较少电荷的阳离子替代的现象。
				1）	指矿物结构中的阳离子被其他带有较少正电荷的阳离子所置换的现象[9]。
634	离子交换法	水化学-水文地球化学	ion exchange method	离子交换法 ion exchange method	指利用固相离子交换剂功能基团所带的可交换离子与液相中相同电性的其他离子发生交换，以达到置换、分离、去除或浓缩等目的的一种方法。
				1）	指利用固相离子交换剂功能基团所带的可交换离子，与接触交换机的溶液中相同电性的离子进行交换反应，以达到离子的置换、分离、去除、浓缩等目的[10]。
635	离子交换树脂	水化学-水文地球化学	ion exchange resin	离子交换树脂 ion exchange resin	指具有树脂本体和活性基团的人工合成高分子化合物。

					1)	指人工合成的高分子化合物，由树脂本体（又称母体）和活性基团两个部分组成[10]。
636	离子水化作用	水化学-水文地球化学	ion hydration	离子水化作用 ion hydration		指地下水中离子与极化水分子相互吸引而形成被水分子包围的现象。
					1)	水中离子与水分子偶极间的相互吸引作用，使水中正、负离子周围为水分子所包围，这种过程称盐类离子的水化作用，或称离子的溶剂化作用。这种作用是多数盐类能溶于水的原因[6]。
637	连通试验	技术方法	connecting test	连通试验 connecting test		指确定地下水流动系统各要素之间的关联性的相关工作及成果。
					1)	连通试验实质上也是一种示踪试验，在上游某个水点（水井、坑道、岩溶竖井，及地下暗河表流段等）投入某种指示剂，在下游诸多的地下水点（除前述各类水点外，尚包括泉水、岩溶暗河出口等）监测示踪剂是否出现，以及出现的时间和浓度[10]。
					2)	通过在上游投放指示剂，下游观测指示剂到达情况以查明地下水运动、地下水各通道分布和连通及地下水与地表水之间相互联系情况的野外试验[4]。
					3)	基于示踪法在地下水水平运动为主的裂隙、岩溶含水层中进行的一种流速试验[20]。
638	裂隙	水文地质基础	fissure	裂隙 fissure		指岩土体中不连续的空间。
					1)	岩石在各种应力作用下，破裂变性而形成。按照裂隙的成因可分为成岩裂隙、构造裂隙、风化裂隙及卸荷裂隙[11]。
					2)	岩石中（一般指结晶岩、石灰岩）各种成因的裂缝[4]。
639	裂隙含水层	水文地质基础	fissured aquifer	裂隙含水层 fissured aquifer		指裂隙空间中充满地下水的地质体。
					1)	主要是各种坚硬岩石所构成的含水层[2]。
					2)	以裂隙为储水空间的含水层[4]。
640	裂隙介质	水文地质基础	fissure medium	裂隙介质 fissure medium		指被裂隙分割的空间上不连续完整的地质体。
					1)	赋存流体且流体可在其中运动的裂隙岩层[4]。
641	裂隙率	参数	fissure ratio; fissure percentage	裂隙率 fissure ratio; fissure percentage		指单位体积或某一面积内的裂隙的体积或面积与岩土体的总体积或某一面的面积比值，分别称为体裂隙率和面裂隙率。
					1)	一定体积或面积、宽度的裂隙岩层，裂隙体积或面积、宽度与所测岩层总体积或面积、宽度之比，分别称为体积裂隙率、面裂隙率和线裂隙率[4]。
					2)	岩石中裂隙的体积与包括裂隙在内的岩石体积之比（即体积裂隙率）。由于体积裂隙率较难测定，只有在必要时用抽水试验方法求得。野外工作时，一般仅测定岩层的面裂隙率或线裂隙率。是反映坚硬岩层裂隙发育程度的指标[1,3]。
642	裂隙泉	水文地质基础	fissure spring	裂隙泉 fissure spring		指裂隙中的地下水露头。
					1)	裂隙水流出地表形成的泉水[1,3]。
643	裂隙水	水文地质基础	fractured rock water	裂隙水 fractured rock water		指赋存于岩土体裂隙中的地下水。广义：岩体中二维空间发育的地下水。狭义：指发育裂隙岩体中在

					重力或应力作用下能自由流动的地下水。
				1)	赋存于裂隙基岩中的地下水称为裂隙水[11]。
				2)	存在于岩层裂隙中的地下水[3,4,10]。
				3)	在裂隙岩层中，地下水的埋藏、分布和运动，主要受岩石裂隙发育特点制约，为裂隙水[2]。
644	裂隙网络	水文地质基础	fracture network	裂隙网络 fracture network	指一定范围内同一或不同时期相同或不同级次相互连通的裂隙所构成的空隙空间。
				1)	由一条（或若干条）大的导水通道汇同周围中小裂隙形成的具有树枝状（或脉状）结构的网络[4, 1]。
645	零点电位 pH	水化学-水文地球化学	pH value of zero-potential	零点电位 pH pH value of zero-potential	指固体表面的电荷总量为零时的 pH。
				1)	固体颗粒表面电荷，无论从其性质或数量来讲，都是 pH 的函数。pH 为一中间值时，表面电荷为零，这一状态称为电荷零点，该状态下的 pH 称为电荷零点 pH[7]。
				2)	固体颗粒表面电荷与介质的 pH 有较大的相关性。其性质或数量上都是介质 pH 的函数。pH 低（低到一定程度），正的表面电荷占优势，吸附阴离子；pH 高时，完全是负的表面电荷，吸附阳离子；pH 为一中间值时，表面电荷为零，这一状态称为电荷零点，该状态下的 pH 称为电荷零点 pH，记为 pH_{zpc}[10]。
646	零通量面	水化学-水文地球化学	zero flux plane	零通量面 zero flux plane	指包气带内以蒸发方式排泄的水分通量为零的点构成的一个理论面。
				1)	指由水分通量为零的点所构成的面，是岩土水分蒸发影响深度的下限标志[10]。
647	流水地貌	基础地质	fluvial landform	流水地貌 fluvial landform	指由河流流水溶蚀、侵蚀、搬运、堆积等作用对原有地形改造结果的地貌总称。
				1)	地表流水的侵蚀，搬运和堆积作用形成的各种地貌[1]。
648	流速水头/速度水头	地下水动力学	velocity head	流速水头/速度水头 velocity head	单位重量流体具有的动能。常用单位为$[v^2/2g]$，量纲为[L]。
				1)	又称流速高度，单位重量流体所具有的动能。常用单位为$[v^2/2g]$[1, 3]。
				2)	在含水层中的某点，水所具有的动能转变为势能时所达到的高度，量纲为[L]，即 $h = v^2/2g$。式中，v 为地下水在该点流动的速度；g 为重力加速度[4]。
649	流网	地下水动力学	flow net	流网 flow net	指同一含水层的等水位（压）线与流线构成的一张网状图。
				1)	在平面图或剖面图上由反映地下水在渗流场中运动方向，流速等要素的两组互相正交的流线和等势线所组成的网[1,3]。
				2)	渗流场内由流线和等势线所组成的网格。对各向同性介质组成正交网[4]。
				3)	等势线和流线是相互正交的曲线族，这种正交曲线族叫流网，可以形象地反映出流场的各种特性[2]。
				4)	在渗流场内，取一组流线和一组等势线（当密度不变时取一组等水头线）组成的网格为流网[5]。

650	流线	地下水动力学	stream line	流线 stream line	指同一时刻地下水不同质点所组成的曲线且线上各水质点与渗流速度矢量相切。
				1)	地下水质点沿水位降低方向运动的轨迹，在轨迹上任一点切线与该点流动方向重合，参见"流网"[1,3]。
				2)	指同一时刻地下水不同质点所组成的曲线。在曲线上任一点切线与该点流动方向相重合[4]。
				3)	渗流场中某一瞬时的一条线，线上各水质点在此瞬时的流向均与此线相切[11]。
				4)	表示在同一时间内不同液流质点的连线，在这个时候，各质点的速度矢量都与这连线相切[10]。
651	硫酸水	水化学-水文地球化学	sulphate water	硫酸水 sulphate water	指含硫化物因氧化作用导致 pH 较低且阴离子含量以硫酸根为主的地下水。
				1)	富含硫酸根的地下水。煤系地层中常含很多黄铁矿（主要成分为 FeS_2），地下水中的阴离子常以硫酸根为主；金属硫化物矿床附近的地下水阴离子也常以硫酸根为主；含有石膏的地层中的地下水也多为硫酸水[1,3]。
652	裸井	工程类	uncased hole	裸井 uncased hole	指钻孔施工后未安装护壁管或过滤器的取水井。
				1)	无井管护壁的水井[4]。
653	氯溴比值系数	参数	value of chlorinc-bromine ratio	氯溴比值系数 value of chlorinc-bromine ratio	指地下水中氯离子与溴离子的质量浓度比值。
				1)	天然水中氯离子的质量浓度和溴离子质量浓度的比值[1,3]。
654	滤水管	工程类	filter strainer	滤水管 filter strainer	又称过滤器。指安装在钻孔中含水层部位，用来过滤细粒颗粒，防止崩孔和损坏抽水设备的带孔/缝的管状装置。
				1)	指抽水孔（井）中，安置在含水层部位上能透水的管，其作用除进水外还能防止井壁周围土或岩石的颗粒流入井内淤塞井管，同时还起支撑和保护井壁的作用，使抽水孔能正常地使用[1,3]。
				2)	安装在管井中对应的含水层部位，有滤水孔的起滤水挡砂作用的管子[4]。
655	滤水系数	参数	drainage coefficient	滤水系数 drainage coefficient	指钻孔填粒滤料粒径与可通过颗粒粒径的比值。
				1)	又称为过滤系数、过滤因数。滤料粒径与通过粒径的比值[10]。
M					
656	埋藏区	水文地质基础	buried area	埋藏区 buried area	指分布于松散地层之下的基岩区域。
				1)	指石灰岩被胶结坚硬的非可溶岩覆盖的地区[2]。
657	脉状裂隙水	水文地质基础	veined fissure water	脉状裂隙水 veined fissure water	指赋存于带状或脉状分布的裂隙中的地下水。
				1)	存在于断裂破碎带、火成岩体的侵入接触带、岩脉的节理等中的水。前者常含有丰富的地下水，两种

水量较小。脉状裂隙水具承压水的特点，含水一般不均匀[1,3]。

	2）				出现在断层破裂带以及岩脉阻水地段的水，常具有承压性[20]。
	3）				存在于断裂破碎带和各种裂隙密集带中的地下水[4]。
	4）				脉状裂隙水埋藏在局部的构造断裂带中，含水层的形态不受岩层界面的限制，为脉状或带状分布的含水带，可以穿越不同层位和不同性质的岩层或岩体，而且有的与相对隔水岩石之间是逐渐过渡的，没有截然的分界面，地下水为裂隙型的承压水或无压水[2]。
658	毛管测压水头	地下水动力学	capillary piezometric head；capillary hydraulic head	毛管测压水头 capillary piezometric head；capillary hydraulic head	指非饱和带水流的总水头为地下水静水头与毛细上升高度水头之和。
	1）				在非饱和水流中，基准面以上任一点的总水头 H_c，由此点的位置头 z 和毛管压力水头 h_c 组成，可表示为 $H_c = z - h_c$，式中，H_c 为非饱和带中任一点的测压水头；z 为此点在基准面以上的高度；h_c 为毛管压力水头[1,3]。
659	毛管压力	参数	capillary pressure	毛管压力 capillary pressure	指非饱和带地下水流动时非湿润相压力与湿润相的压力差。
	1）				在多孔介质的非饱和水流中，空气与水的界面上的压力不连续，非湿润相（空气）的压力与湿润相（水）的压力 p_ω 之间存在差值 $p_c = p_{n\omega} - p_\omega$，这个差值称为毛管压力[1,3]。
660	毛管压力水头	地下水动力学	capillary pressure head	毛管压力水头 capillary pressure head	指单位密度的毛管压力。
	1）				毛管压力 p_c 与水的密度 γ 的比值 h_c，称毛管压力水头[5]。
	2）				又称负压，毛管压力 p_c 与水的密度 γ 的比值 h_c，称毛管压力水头，即 $h_c = p_c/\gamma$，以水柱高度表示的毛管压力，单位为[L][1,3]。
661	毛细带	水文地质基础	capillary zone；capillary fringe	毛细带 capillary zone；capillary fringe	指重力自由面以上，颗粒空隙间毛细张力作用形成的一定厚度的湿润岩土体的范围。
	1）				由于土壤毛细管力的作用，在潜水面以上，形成的一个与饱和带有水力联系的接近饱和的湿水层[1,3]。
	2）				由于岩层毛细管力的作用，在潜水面以上形成的与饱水带有直接水力联系的接近饱和的地带[4]。
662	毛细上升高度	水文地质基础	height of capillary rise	毛细上升高度 height of capillary rise	指地下水沿颗粒间毛细管上升的最大高度。数值上等于该管所具有的毛细压力水头值。
	1）				毛细管水从地下水面沿土层或岩层空隙上升的最大高度[1,3]。
	2）				水从地下水面沿岩层毛细管上升的最大高度[4]。
663	毛细水	水文地质基础	capillary water	毛细水 capillary water	指保持在自由重力水面之上的岩土体毛细空隙中的地下水。

				1)	岩土中存在细小空隙时，通过毛细作用，在地下水面以上形成毛细水带—支持毛细水带。细粒粗粒交互成层，地下水位下降时，细粒层中的毛细水并不随着下降，而在上细下粗的界面以上保持一定高度的毛细水带—悬挂毛细水带。即使在粗粒层中，当地下水位下降时，在颗粒接触处仍然会保留孔角毛细水，毛细水同时受毛细力和重力的影响[11]。
				2)	由于毛细管力作用，保持在岩层空隙中的地下水[4]。
664	毛细性	水文地质基础	capillanity	毛细性 capillanity	指具有毛细空隙的岩土体与自由水面接触时，可以让润湿水位上升到一定高度的水理性质。
				1)	松散岩石存在毛细孔隙，从而具有孔隙毛管作用的性质[2]。
				2)	水通过岩土的毛细管，受毛细作用向各方向运动的性能[4]。
665	毛细压强	参数	capillary pressure	毛细压强 capillary pressure	指由表面张力导致的弯曲液面向其内部产生的附加表面压强。
				1)	任何液体都有力图缩小其表面的趋势，由于表面张力的作用，弯曲的液面将对液面以内的液体产生附加表面压强，为毛细压强[11]。
666	弥散	地下水动力学	dispersion	弥散 dispersion	指组分不同或浓度不同的流体与另一流体混合时发生组分混合扩散和运移现象的总称。
				1)	指在多孔介质液体流动中，成分不同的两种易混液体间的过渡带的发生和发展现象[2]。
				2)	多孔介质中不同物质组分的溶混（平均混合）过程[4]。
				3)	又称水力弥散或水动力弥散，为溶质示踪物稀释时的扩散现象。当一定数量溶质示踪物在地下水流中运移而逐渐传播时，可以占据超出地下水平均流速所影响的范围，愈扩愈大。弥散是由质点的热动能和流体的对流而引起的，是分子扩散和机械混合两种作用的结果。所以弥散具有分子扩散和机械弥散两种作用[1,3]。
				4)	由于地下水运动和含水层的各向异性而引起的混合作用[10]。
667	弥散试验	技术方法	dispersion test	弥散试验 dispersion test	指利用示踪剂或溶液中某相同组分来测定含水层中目标组分在地下水含水层流动系统中分散或流动速度的相关工作及成果。
				1)	根据地下水中由于质点热动能和机械混合作用引起的化学元素稀释的原理，利用示踪剂来测定含水层中地下水的弥散参数的试验[4]。
				2)	研究污染物在地下水中运移时其浓度的变化规律，并通过试验获得进行地下水质量定量评价的弥散参数[20]。
				3)	指研究污染物在地下水中运移时，污染物浓度在时间上和空间上的变化规律。通过试验可获得进行地下水环境质量与影响评价所需的弥散系数和吸附系数等参数值[5,14]。
668	弥散系数	参数	coefficient of dispersion	弥散系数 coefficient of dispersion	指在单位时间内某一组分在含水层系统中分子扩散和流动迁移的总距离，量纲为$[L^2/T]$。
				1)	反映分子扩散和机械弥散作用的综合参数，以 D 表

序号	中文名	学科	英文名	中英对照	定义
					示。它可表示为分子扩散系数 D_m 与机械弥散系数 D_h 之和，即 $D = D_m + D_h$。弥散系数与水流速度、分子扩散及介质特性有关。当渗透速度很大时，弥散系数接近于机械弥散系数；当水流速度接近于零时，弥散系数与分子扩散系数相当。量纲为[L²/T][1,3]。
				2)	表征溶质在多孔介质中分子扩散和机械弥散作用的综合参数。其值（D）等于分子扩散系数（D_m）和机械弥散系数（D_h）之和，量纲为[L²/T][4]。
669	弥散作用	地下水动力学	dispersion effect	弥散作用 dispersion effect	指溶质的分子扩散和机械弥散的总称。
				1)	由机械（力学）的和物理化学的两种作用同时作用的结果[2]。
				2)	指溶解组分在浓度梯度的作用下，在地下水中迁移[9]。
670	模型校正识别	模型模式	model calibration and identification	模型校正识别 model calibration and identification	指将已知条件和参数输入到根据某个原理建立的数学模型中求取或判断某些不确切的要素的过程和结果。
				1)	指根据已知条件和确切的信息，通过模拟计算来判别某些不确切成分，以达到验证模型的目的的过程与结果[10]。
671	模型识别间接法	模型模式	indirect method of model identification	模型识别间接法 indirect method of model identification	指根据某一原理建立的数学模型，通过调试模型中参数以便于模型结果尽量接近已知结果的一种数学模型调试方式。
				1)	指在各种条件下和已知源汇项的前提下，给出待求参数和其他未知数的初始及其变化范围，用正演计算水位额和地面沉降值[10]。
672	模型识别直接法	模型模式	direct method of model identification	模型识别直接法 direct method of model identification	指根据某一原理建立的数学模型，用已知参数求解模型中未知变量的一种数学方法。
				1)	指把水位和地面沉降值作为已知项，用反演计算通过泛函数法等直接解法，直接求解模型方程中的参数和其他未知量的最优解[10]。
	N				
673	内生水	水化学-水文地球化学	inner water	内生水 inner water	指地质作用导致地球内部物质分异形成的水。
				1)	发生在地球深部的许多地质作用均有地下水的参与，对于这种来自深部的水称为内生水[6]。
674	内循环	水文地质基础	internal circulation	内循环 internal circulation	指海洋或陆地蒸发的水分再降落到海洋或陆地的一次或反复的水分转移过程。
				1)	海陆内部的水分交换[11]。
				2)	从海洋或陆地蒸发的水分再降落到海洋或陆地[10]。
675	泥岩	基础地质	mudstone	泥岩 mudstone	
				1)	一种成分较复杂，层理不明显的块状黏土岩。是弱固结的黏土经压固作用、脱水作用，微弱的重结晶作用形成[1]。
676	泥浆钻进	技术方法	mud drilling	泥浆钻进 mud drilling	指在钻进中采用泥浆作为钻孔护壁材料的施工方法。

				1)	用泥浆作为冲洗介质的钻进方法[4]。
671	逆断层	基础地质	reverse fault	逆断层 reverse fault	
				1)	上盘沿断层面相对上升的断层[1]。
				2)	上盘相对上升、下盘相对下降的断层[7]。
678	黏土岩	基础地质	clay rock	黏土岩 clay rock	
				1)	一种主要由粒径<0.0039mm（重结晶后<0.01）颗粒组成，并含大量黏土矿物（高岭石、蒙脱石、水云母等）的沉积岩[1]。
679	凝结水	水文地质基础	condensation water	凝结水 condensation water	指空气或地壳表层空隙的气态水经冷凝并补给到含水层中的水。
				1)	水汽在地下浅部土层或岩层空隙中凝结而形成的地下水[1,3]。
				2)	空气的湿度一定时，饱和湿度随温度下降而降低，温度降到某一临界值，达到露点，温度继续下降，超过饱和湿度的那部分水汽，转化而成的液态水[11]。
680	扭性断层	基础地质	torsional fault	扭性断层 torsional fault	指上下盘相对扭动并在断层面上形成扭动行迹的一类断层。
681	纽曼模型	模型模式	Neuman model	纽曼模型 Neuman model	指一种潜水含水层中地下水有垂直流速分量和弹性释水时计算潜水面变化的连续流动方程。因纽曼推导而命名。
				1)	考虑流速的垂直分量和弹性释水，把潜水面视为可移动的边界，建立有关潜水面变动的连续方程，并简化得到潜水面边界条件的近似表达式。假设条件为：含水层均值各向异性，侧向无限延伸，坐标轴和主渗透方向一致，隔水层水平，初始潜水面水平，水流服从达西定律，完整井定流量抽水，抽水期间自由面上没有入渗补给或蒸发，潜水面降深和含水层厚度相比小得多[5]。
682	n 维欧氏空间与直角坐标系法	数理	n-dimensional Euclidean space and Cartesian coordinate system	n 维欧氏空间与直角坐标系法 n-dimensional Euclidean space and Cartesian coordinate system	
				1)	假定 X 是一个以 j 为尺度的尺度空间，又假定存在一个把 X 变上 n 维实数空间 R_n 的一对一变换 f，使对 X 里任何两点 x 和 y，$j(x,y)=\sqrt{\sum_{k=1}^{n}(x_n-y_n)^2}$ 成立，这里 $f(x)=<x_1,x_2,\cdots,x_n>\in R_n$, $f(y)=<y_1,y_2,\cdots,y_n>\in R_n$，那么称 X 为 n 维欧几里得空间，简称 n 维欧氏空间，记作 cc。式中，f 为 E_n 的一个直角坐标法，$<x_1,\cdots,x_n>$ 为点 x 的直角坐标，$f^{-1}(<0,\cdots,0>)=O_f$ 为这直角坐标法下的原点[8]。
P					
683	配合作用	水化学-水文地球化学	complexation effects	配合作用 complexation effects	指阴离子以阳离子为中心结合成络合复杂离子的过程及结果。
				1)	凡是由若干离子或原子以配位键形式结合起来的复

				杂离子和分子称为配合物，此过程为配合作用[5]。
684	平均布井法	技术方法	method of well uniform configuration	平均布井法 method of well uniform configuration	指根据单口井抽水试验得出的影响半径确定含水层或整个地区可布井总量，再用总井数量乘以单井的可开采量并加上地表水渗入量，确定开采资源总量的过程及结果。
				1）	假定含水层为隔水边界包围的均质体，把含水层划分为若干正方形网格，在每一网格中心布置水井，然后按周边隔水的井流公式和设计开采条件计算出一口水井的涌水量。再乘以总井数并加上地表水渗入量，即为含水层的可开采量[4]。
685	平面二维流	地下水动力学	two-dimensional flow in plane	平面二维流 two-dimensional flow in plane	指在三维空间坐标系统中，有一个坐标轴方向的分速度为零的地下水流动方式。
				1）	若固定平面是水平的平面，速度向量可分为两个水平分量，则称为平面二维流[1,3]。
				2）	由两个水平速度分量所组成的二维流[4]。
686	平水期	地下水资源	average water period	平水期 average water period	指一个水文年中降水量处于多年平均值范围内的时段。
				1）	在某地区，一年中降水量处于多年平均值的季节。
687	平移断层	基础地质	wrench fault	平移断层 wrench fault	
				1）	也称走向滑动断层，即两盘沿断层面走向发生相对错动的断层[1]。
				2）	两盘沿断层面走向方向相对错动的断层[7]。
688	平原	基础地质	plain	平原 plain	
				1）	宽广平坦、切割微弱，略有起伏并与高地毗连或为高地围限的平地[1]。海拔为0~200m。
689	剖面二维流	地下水动力学	two-dimensional flow in section	剖面二维流 two-dimensional flow in section	指在剖面上水平速度分量和垂直速度分量均不为零的地下水流动方式。
				1）	如果固定平面是一个剖面，速度向量可分为一个垂直分量和一个水平分量，则称剖面二维流[1,3]。
				2）	由一个垂直速度分量和一个水平速度分量组成的二维流[4]。
690	pE（Eh）-pH图	图形	pE（Eh）-pH diagram	pE（Eh）-pH图 pE（Eh）-pH diagram	指地下水化学场中，以pH为横坐标，pE为纵坐标，绘制给定变价元素相关各种组分在该坐标体系中的关系图解。
				1）	以pH为横坐标，以pE（Eh）为纵坐标，绘制出一定条件下给定体系中所有电极的pE（Eh）值随pH的变化关系，即体系的pE（Eh）-pH图[9]。
				2）	以Eh为纵坐标，pH为横坐标，表示在一定Eh-pH范围内，水溶液中各种溶解组分及固体组分稳定场的图解，也称稳定场图[6]。
691	Piper图解	水化学-水文地球化学	Piper diagram	Piper图解 Piper diagram	又称Piper图。指由Piper发明的一种表示地下水水质的多属性图解方法。
				1）	根据地下水化学成分，采用图示方法对地下水化学特征进行分类的方法[11]。
				2）	由Piper提出的，用图示方法对水的化学成分进行展示的方法[9]。

Q

692	气味	水化学-水文地球化学	smell	气味 smell	指嗅觉所感到的味道。7 种基本气味分别为樟脑味、麝香味、花卉味、薄荷味、乙醚味、辛辣味和腐腥味。
693	迁移时间	地下水动力学	time of travel（TOT）	迁移时间 time of travel（TOT）	指溶质从进入防护层至流出防护层的时间段。
				1）	溶质越过防护层的迁移时间，估算公式为 $\mathrm{TOT}=C\dfrac{H^2}{\rho^2}\cdot\dfrac{1}{\Delta\Phi}$。式中，$\rho$ 为防护层电阻率；C 为常数；$\Delta\Phi$ 为防护层上下两侧的水头差，单位为 L；H 为防护层厚度，单位为 L[10]。
694	潜力回水	地下水动力学	potential drainback	潜力回水 potential drainback	指在地表水和地下水有水力联系的区域地表水水位升高引起地下水位相应升高的现象。
				1）	地表水和两岸潜水存在水力联系的情况下，河水位（或库水位）的抬高，会引起潜水位相应的抬高，这种现象通常称为潜力回水[5]。
695	潜流带	水文地质基础	underflow zone；hyporheic zone	潜流带 underflow zone；hyporheic zone	指局部包气带或饱水带的空隙较长时间全部被充满水的区域。
696	潜蚀	水文地质基础	underground erosion	潜蚀 underground erosion	指地下水的物理及化学作用导致土体中骨架部分质量减少的现象。
				1）	当砂砾层颗粒不均匀，水力梯度大时，地下水挟带细小颗粒通过粗大颗粒的孔隙移走[11]。
697	潜水	水文地质基础	phreatic water	潜水 phreatic water	指地表以下，第一个稳定隔水层以上具有自由水面且至少局部与地表水有水力联系的地下水。
				1）	地表以下，第一个稳定隔水层以上具有自由水面的地下水[1,3]。
				2）	饱水带中第一个具有自由表面的含水层中的水称为潜水[10]。
698	潜水等水位线图	图形	water table contour map；contour map of water table	潜水等水位线图 water table contour map；contour map of water table	指同一潜水含水层的地下水位相等的点构成的等值线图。当地下水位为海拔高程时，称为潜水位等高线图。
				1）	反映潜水面形状的水位等高线图[1,3]。
699	潜水含水层厚度	水文地质基础	thickness of water-table aquifer	潜水含水层厚度 thickness of water-table aquifer	指从潜水面至隔水层顶面的垂直距离。
				1）	从潜水面到隔水底板的垂直距离[4]。
				2）	从潜水面到隔水底板的距离为潜水含水层的厚度，潜水含水层的厚度随潜水面的升降而发生相应的变化[10]。
700	潜水井	工程类	phreatic-water well	潜水井 phreatic-water well	指取水段位于潜水含水层之中的钻孔或水井。
				1）	开凿在潜水含水层中的水井，一般井深不大，凿井较方便[1,3]。

701	潜水埋藏深度	水文地质基础	burial depths of phreatic water	潜水埋藏深度 burial depths of phreatic water	指地面到潜水含水层水面的垂直距离。
				1）	潜水面到地表的距离称为潜水埋藏的深度，潜水埋藏的深度随潜水面的升降而发生相应的变化[10]。
702	潜水埋藏深度图	图形	isobaths map of water table	潜水埋藏深度图 isobaths map of water table	指反映一个时期从地表到达同一潜水含水层或一个地区不同潜水含水层的深度的一种图件。
				1）	反映一个地区某一固定时期的潜水埋藏深度在平面上变化的图件[1,3]。
703	潜水面	水文地质基础	water table	潜水面 water table	指潜水含水层中地下水的无压自由水面。
				1）	潜水的自由水面[1,3]。
				2）	潜水的表面[10]。
704	潜水盆地	水文地质基础	phreatic water basin	潜水盆地 phreatic water basin	指地表以下第一层含水层从四周相对高地获得补给且其中必须有排泄区的无压含水区域。
				1）	四周具有比较完整隔水边界的、由赋存有潜水的河谷冲积层或山前冲洪积层等组成的地下水盆地[1,3]。
705	潜水位	水文地质基础	water table level	潜水位 water table level	指以地形基准面高程为参照系的潜水含水层水面高程。
				1）	潜水面相对基准面的高程称潜水位[1,3]。
706	强度量	数理	intensive quantity	强度量 intensive quantity	指不具有直接加和性的一类物理量。如浓度、压强、温度、密度。
707	强结合水	水文地质基础	strongly bound water; adsorptive water	强结合水 strongly bound water; adsorptive water	指最靠近固体表面且重力作用下不能流动的一层薄膜状吸附水。
				1）	固相表面引力大于自身重力的水，便是结合水，内层为强结合水[11]。
				2）	紧附于岩土颗粒表面结合最牢固的一层水。其所受吸引力可相当于一万个大气压[4]。
				3）	紧附于土颗粒表面结合最牢固的一层水[1,3]。
708	强透水性岩石	水文地质基础	strong permeability rock	强透水性岩石 strong permeability rock	指渗透系数很大且持水度极小的一类岩土体。
				1）	主要包括石灰岩、白云岩、白云质灰岩、大理岩等碳酸盐类岩层。这种岩层的含水空隙主要是张开度大和连通性强的溶蚀裂隙和溶洞；透水性强，持水性弱，发育深度也较大，具有很大的泄水能力[2]。
709	侵入岩	基础地质	intrusive rock	侵入岩 intrusive rock	
				1）	岩浆在地表以下不同深度的部位冷凝而形成的岩石[7]。
710	侵蚀地貌	基础地质	erosional landform	侵蚀地貌 erosional landform	
				1）	由侵蚀作用塑造形成的地形[1]。
711	侵蚀泉	水文地质基础	erosion	侵蚀泉 erosion	指侵蚀作用切穿含水层时地下水的天然露头。

		spring；valley spring	spring；valley spring	
			1)	单纯由于地形切割地下水面而出露，包括切割潜水含水层及揭露承压水隔水顶板[11]。
			2)	由于地形遭受侵蚀使潜水面出露地表而形成的泉[1,3]。
			3)	地形侵蚀揭露了潜水面而出露的泉[20]。
712	侵蚀性二氧化碳	水化学-水文地球化学	corrosive carbon dioxide	侵蚀性二氧化碳 corrosive carbon dioxide	指地下水中能与方解石起反应的游离 CO_2。
			1)	超过平衡量并能与碳酸钙起反应的游离 CO_2[4]。
			2)	超过平衡量并能与碳酸钙反应的游离 CO_2。当游离 CO_2 等于或小于平衡量时，碳酸钙就不再溶解。但当游离 CO_2 大于平衡量时，反应向右进行。这些大于平衡量的多余的 CO_2，除一部分留作与新产生的重碳酸钙保持平衡外，大部分参加反应形成重碳酸钙[1,3]。
713	清水钻进	技术方法	drilling with water	清水钻进 drilling with water	指用清水作为清洗液的钻进工艺方法。
			1)	指用清水作为冲洗介质的钻进工艺方法[4]。
714	倾斜构造	基础地质	tilting structure	倾斜构造 tilting structure	
			1)	指岩层层面与水平面之间有一定夹角的岩层[7]。
715	丘陵	基础地质	hill	丘陵 hill	
			1)	顶部浑圆，坡度平缓，坡脚线不明显的低矮山丘。相对高度小于山地，分布较为零星、孤立[1]。海拔为0~500m，相对高度（起伏）不超过200m。
716	裘布依公式	技术方法	Dupuit's equation	裘布依公式 Dupuit's equation	指裘布依发明的利用钻孔或井定流量抽水试验成果计算含水层渗透系数的数学表达式。
			1)	地下水流向井孔的平面稳定流公式。 裘布依推导公式时的假定条件是：①含水层是均质、各向同性、等厚、水平的；②地下水为层流，符合达西定律，地下水运动处于稳定状态；③静水位是水平的，抽水井具有圆柱形定水头补给边界；④对于承压水，顶底板是完全隔水的，对于潜水，井边水力坡度不大于 1/4，底板完全隔水。 承压水完整井 $Q=\dfrac{2\pi kM(H-h_0)}{\ln R-\ln r_0}$ 潜水完整井 $Q=\dfrac{\pi k(H^2-h^2)}{\ln R-\ln r_0}$ 式中，Q 为井的涌水量；H 为距抽水井 R 处的水位；h_0 为抽水稳定时的井壁水位；r_0 为井的半径；R 为影响半径[1,3]。
			2)	指地下水向完整井流动的水流方程[5]。
717	区域地下水位降落漏斗	水文地质基础	regional groundwater depression cone	区域地下水位降落漏斗 regional groundwater depression cone	指过量开采地下水引起一个或多个含水层水位下降且短期不能恢复的形似漏斗状的地下水位下降区。
			1)	指由于区域地下水的开采量长期超过了补给量，逐渐消耗储存量，并在一定补给周期内得不到恢复，从而使区域地下水位持续下降，形成漏斗状地下水

编号	术语	学科	英文	中英文	释义
				2)	指井群同时开采某个含水层时（或矿井大量排水时），各井水位叠加而在含水层中形成范围很大的统一的水位下降区[4]。
718	区域水文地球化学	水化学-水文地球化学	regional hydrogeochemical	区域水文地球化学 regional hydrogeochemical	指以化学原理研究某个自然单元或行政区域的地下水水文地球化学特征、分布、形成、资源及其开发利用的学科。
				1)	研究各类天然水的水文地球化学特征、分布、和区域性变化规律的学科[5]。
				2)	水文地质学的一个分支，是研究某个自然单元或行政区域的地下水分布、形成、资源及其开发利用的一般规律的学科[3]。
719	趋势	数理	trend	趋势 trend	指时间序列水文地质参数随时间增加或减小的现象。
				1)	对于所研究的序列来说，趋势反映了长周期（低频成分）的变化，一般表现为平缓起伏的曲线形状，在系列观测点分布为等间距条件下，可采用等权滑动平均法把趋势分离出来[2]。
720	全等溶解	水化学-水文地球化学	congruent dissolution; dissolve congruently	全等溶解 congruent dissolution; dissolve cogruently	指矿物溶解于水中的组分全部电离成相应的阴阳离子的一种溶解现象。
				1)	指矿物与水接触发生溶解反应时，其反应产物均为溶解组分[7, 16, 21]。
721	泉	水文地质基础	spring	泉 spring	
				1)	指地下水的天然露头[3]。
722	泉流量频率取值法	技术方法	calculation method of assurance rate of spring flow	泉流量频率取值法 calculation method of assurance rate of spring flow	指根据一个或多个水文年泉流量出现的频率确定允许开采量的相关工作及结果。
				1)	将长期观测得到的泉水流量值，以月平均流量为统计单位，按大小（或按流量区间值大小）顺序排列，分别计算各流量级（或区间值）的频率和保证率，并按供水工程设计要求的保证率选取出相应的泉流量值作为泉水的允许开采量[4]。
723	泉流量衰减方程法	技术方法	method of spring flow attenuation	泉流量衰减方程法 method of spring flow attenuation	指根据多个水文年泉流量观测数据拟合出流量与时间的数学表达式来预测某一水文年内任意时刻泉流量的过程及结果。
				1)	根据泉水流量动态资料,利用泉水流量衰减方程(如布西涅斯克流量衰减方程)预测泉水无补给季节任一时刻流量值的一种计算方法[4]。
724	泉流量衰减系数	参数	attenuation coefficient of spring flow	泉流量衰减系数 attenuation coefficient of spring flow	指某一时期或水文年内，最小泉流量与最大泉流量的比值，无量纲。
				1)	在泉水流量衰减方程中，反映泉水在无补给期间流量衰减规律的一个系数[4]。
725	泉水流量	地下水动力学	hydrograph of spring	泉水流量过程曲	指与时间对应的泉流量曲线。

	过程曲线		discharge	线 hydrograph of spring discharge	
				1)	反映泉水流量随时间变化过程的曲线图[4]。
726	确定性模型	模型模式	deterministic model	确定性模型 deterministic model	指根据水文地质特征得出的可以有定解结果的地下水流动的数学表达式。
				1)	一个由完全肯定的函数关系（因果关系）所决定的模型[1,3]。
				2)	在数学模型中地下水运动要素之间的相互关系为确定性关系，确定性模型可分为：单井模型（局部水动力学模型）和区域模型（大面积水动力学模型）。一个确定性数学模型，通常包括一个描述地下水运动规律的微分方程和某一特定地区的定解条件（包括初始条件和边界条件）[2]。
				3)	变量之间具有严格确定函数关系的地下水数学模型[4]。
R					
727	绕坝渗流	工程类	seepage around the dam	绕坝渗流 seepage around the dam	指地下水经过人工构筑物（主要指大坝）向下游流动的一种方式。
				1)	指水平方向上围绕着闸、墩、刺墙等发生的渗流[5]。
728	热矿泉	地下热水资源	thermomineral spring	热矿泉 thermomineral spring	指最低水温超过当地年平均气温且含有经济价值组分的泉。
				1)	含矿物盐或气体的地下热水叫热矿水，出露于地表者叫热矿泉[1,3]。
729	热量传输模型	模型模式	heat transfer model	热量传输模型 heat transfer model	指基于能量守恒原理，反映地下水温度变化过程和能量转移量的数学表达式。
				1)	建立在热量传导原理基础上，能够描述和预测地下水温度变化、热量传输的地下水数学模型[4]。
730	热量运移	地下热水资源	heat transport	热量运移 heat transport	指热量随地下水流动发生转移的过程。
				1)	热量随着地下水流一起运移[5]。
731	热流	地下热水资源	heat flow	热流 heat flow	指温差导致介质中的热量转移现象。
				1)	由于各等温面之间存在着温度差异而产生热量的转移[2]。
732	热泉	地下热水资源	hot spring; thermal spring	热泉 hot spring; thermal spring	指最低水温高于当地年平均气温5℃以上的泉。
				1)	泉温度高于46℃而又低于当地地表水的沸点的地下水露头[1,3]。
733	热水储温度	地下热水资源	geothermal water storage temperature	热水储温度 geothermal water storage temperature	指地热系统中的渗透层或加热层中地热流体的最高温度。
				1)	通常是指地热系统底部的渗透层或加热层中地热流体的最高温度，它是评价深部热流体的物理状况和经济价值的重要参数[2]。
734	热水型地	地下热水资源	hot water geothermal	热水型地热田 hot water	指具有水力学联系的热水含水层系统的全部区域。

		热田		fields	geothermal fields	
				1）		以含热水为主，受水的连续压力所控制的对流循环地热系统[2]。
735	热源	地下热水资源	heat source		热源 heat source	又称地热热源。指供给热储中岩石和地热流体能量的来源。主要指放射性能、地热增温能、太阳能和化学能等。
				1）		地热资源的直接热补给源[1,3]。
				2）		供给热储中岩石和地热流体热的来源，可以是现代岩浆活动形成的岩浆房，也可以是来自地壳深部的热传导或者来自沟通深部热源的现代活动性断裂带的热对流[14]。
736	人工补给强度	参数	artifical recharge intensity		人工补给强度 artifical recharge intensity	指单位时间进入回灌工程单位面积的补给水量。
				1）		采用渗透池或其他地面引渗回灌方法时，单位渗透池底面积或单位回灌区面积以及单位回灌工程长度在单位时间内的入渗补给量[4]。
737	人工储量	地下水资源	artificial storage		人工储量 artificial storage	指含水层中由工程方式补给的地下水量。
				1）		由灌溉渠道与水库渗漏、灌溉回归水、地下水人工补给等因素储藏在含水层中的水量[2]。
				2）		又称人工资源，由于灌溉、水库和渠道渗漏及人工补充地下水在岩层中形成的地下水体积[1,3]。
738	人工资源量	地下水资源	artificial resources		人工资源量 artificial resources	指含水层中开采利用的人工补给的水量。
				1）		利用渠道和水库的渗漏，加强地下水的再补给后能够进入含水层的水量[2]。
739	容积储存量	地下水资源	storage; volumetric storage		容积储存量 storage; volumetric storage	指含水层不被破坏时能够容纳的地下水水量。
				1）		潜水含水层中，储存量的变化主要反映为水体积的变化，所以称为"容积储存量"[2]。
				2）		常压条件下，储存在含水层空隙中的重力水体积，可近似地表征潜水含水层的储存量[4]。
				3）		一般是指最低水位以下含水层（或弱透水层）中储存的重力水总体积，相当于静储量[1,3]。
740	容水度	参数	water capacity		容水度 water capacity	指岩土体完全饱水时所容纳的水的体积与岩土体体积（包含水）的比值，无量纲。
				1）		指岩土完全饱水时所容纳的水的体积与岩土体积的比值。可用小数或百分数表示，通常与孔隙度（裂隙率、岩溶率）相等[11]。
				2）		岩石空隙中能够容纳水量的体积与整个岩石体积之比，用小数或百分数表示（它相当于饱和体积含水量，也称为水容度）[2]。
				3）		岩石中所能容纳的最大的水体积与岩石体积之比，以小数或百分数表示[4]。
				4）		岩石中所能容纳的最大的水体积与容水岩石体积之

				比，以小数或百分数表示[1,3]。
741	溶洞水	水文地质基础	cavern water	溶洞水 cavern water	指赋存于可溶性岩层空隙空间中的地下水。尤指较大的溶洞中的水。
				1）	岩溶水的同义语。也有仅指赋存于溶洞中的地下水的，后者亦称洞穴水[1,3]。
742	溶解氧	水化学-水文地球化学	dissolved oxygen	溶解氧 dissolved oxygen	指分散于水中的游离氧气。
				1）	溶解于水中的游离氧[4]。
				2）	溶解于天然水中的氧气，主要来源于空气中的氧气，故溶解氧的含量与空气中的氧的分压、水的温度有密切的关系[9]。
				3）	溶解于地下水的氧量[2]。
				4）	水中溶解的氧气。它主要来源于大气中氧的溶解，其次来源于水生植物的光合作用[1,3]。
743	溶解作用	水化学-水文地球化学	dissolution	溶解作用 dissolution	指岩石中矿物遇水后由晶体或不定型固态转化为离子或分子的过程。
				1）	含有 CO_2、碳酸根离子和有机酸的淡水对岩石的渗滤溶解作用，岩石的体积不变而密度降低孔隙度增高，产生粒内孔、铸模孔、溶蚀孔、溶洞、溶沟等[2]。
				2）	一相物质（固态相、液态相或气态相）在另一相物质（固态相、液态相或气态相）中的分子扩散作用。一般是指气体、液体或固体物质与另一种液体，形成一种均匀的液态混合物的作用。如风化长石遇水，其中，钾（K^+）或钠（Na^+）成为可溶性的碳酸盐或氯化物水溶液[1]。
744	溶滤-渗入水	水化学-水文地球化学	leaching infiltration water	溶滤-渗入水 leaching infiltration water	指保留水-岩作用初期化学特征和信息的大气起源的一类地下水。
				1）	大气起源，其成分由水与岩石作用形成。进一步还可分出古代的和现代的，地表的和地下的等[6]。
745	溶滤水	水化学-水文地球化学	lixiviation water	溶滤水 lixiviation water	指保留水的来源及流经途径岩土体和水质特征信息的一类地下水。
				1）	富含 CO_2 与 O_2 的渗入成因的地下水，溶滤它所流经的岩土而获得其主要化学成分，这种水称为溶滤水[11]。
				2）	在降雨渗入过程中淋滤土壤和岩石中的盐分，形成与土壤成壤作用和岩石风化作用相适应的地下水[4]。
				3）	地下水按其化学成分，形成过程划分的一种类型。在降雨渗入过程中土壤和岩石中的盐分被淋滤，形成与土壤成壤作用和岩石风化作用相适应的地下水水化学类型，一般为弱矿化的重碳酸钙型水或重碳酸钙镁型水[1,3]。
746	溶滤作用	水化学-水文地球化学	lixiviation	溶滤作用 lixiviation	指地下水在流动过程中溶解并获得岩土体中的某些组分的物理-化学过程。
				1）	水与岩土相互作用，使岩土中一部分物质转入地下水中，便是溶滤作用[11]。
				2）	地下水与岩石相互作用，使岩石中一部分可溶成分转入水中，而不破坏矿物结晶格架的作用[4]。

			3）	地下水在渗透过程中溶解并带走土层或岩层中某些组分的作用。它是地下水化学成分形成的主要作用之一[1,3]。
747	溶蚀裂隙	水文地质基础	corroded fissure；solution fissure	溶蚀裂隙 corroded fissure；solution fissure	指可溶性岩体中的原生微裂隙被溶蚀扩大改变原有面貌且保留基本裂隙特征的空隙。
			1）	主要指由局部隆起和构造作用产生沉积间断，经侵蚀风化，地表水或地下水的溶蚀作用下产生的缝洞[2]。
748	溶穴	水文地质基础	cavity	溶穴 cavity	指可溶性岩体经溶蚀作用改造后保留下的空隙。
			1）	可溶性岩层，如岩盐、石膏、石灰岩、白云岩等，原有的裂隙或孔隙，经过地下水溶蚀，可以扩大成为溶穴[11]。
749	溶质势	水化学-水文地球化学	solute potential	溶质势 solute potential	指半透膜两侧浓度不同的溶液之间的势能差。
			1）	当土-水系统中存在半透膜时，水将通过半透膜扩散到溶液中去，这种溶液与纯水之间存在的势能差[11]。
750	溶质运移	水化学-水文地球化学	mass transport；solute travel	溶质运移 mass transport；solute travel	指溶质随流体流动发生位置变化的现象。
			1）	指溶质随流体运移而移动[10]。
751	入渗池	工程类	infiltration pond；infiltration basin	入渗池 infiltration pond；infiltration basin	指在具良好渗透性的岩土体上构筑的地下水人工补给蓄水池。
			1）	即渗透池，又称补给池或渗滤池。地面入渗法中最常用的回灌工程形式[12]。
			2）	用于进行地下水人工补给而开挖的露天大池[4]。
752	入渗率	参数	infiltration rate	入渗率 infiltration rate	指单位时间进入单位地表面积的水量，量纲为[L/T]。
			1）	实际入渗过程中，单位时间内通过地表单位面积的水量称为入渗率。常用单位为[cm/s]或[m/d][5]。
753	入渗渠	工程类	infiltration ditch	入渗渠 infiltration ditch	又称引渗渠。指渗透性良好的天然沟谷或渠道。
			1）	利用渗透性好的天然冲沟或人工引水渠进行地下水人工回灌的工程形式[12]。
			2）	能将补给水源引渗补给含水层的渠道[4]。
754	弱含水层	水文地质基础	aquiclude	弱含水层 aquiclude	指含有较多水且在重力或应力作用下释放出的水量远远小于其中总水量的地质体。
			1）	弱导水的饱水岩层[4]。
755	弱结合水	水文地质基础	weakly bound water；film water；pellicular water	弱结合水 weakly bound water；film water；pellicular water	又称薄膜水。指土体颗粒表面吸着的水分逐渐增多时，水分包围在吸着水外层且具有一定抗剪强度的水膜。
			1）	固相表面引力大于自身重力的水，便是结合水，外层为弱结合水[11]。

				2）	结合水的外层，由于分子力而黏附在岩土颗粒上的水。在饱水带中，能传递静水压力，静水压力大于结合水的抗剪强度时能够运移[4]。
				3）	处于吸着水之外，占着结合水膜的主要部分，因与颗粒表面距离增大，吸引力比吸着水小，因此它的密度比吸着水小，而比普通液态水大，为 1.3～1.74g/cm^3[1]。
756	弱透水层	水文地质基础	aquitard	弱透水层 aquitard	指能够让水通过岩层，且通过后该岩层的含水量基本保持不变的一类地质体。
				1）	本身不能给出水量，但垂直层面方向能够传输水量的岩层[11]。

S

757	三维流	地下水动力学	three-dimensional flow	三维流 three-dimensional flow	指在给定的空间坐标系内，地下水流动要素在三维方向上随时间变化而变化的一种地下水水流。
				1）	渗流的一种类型。其特点是渗流要素（水位、流速等）随三个坐标变化，即渗流场内水流速度向量可分为三个分量，所有的流线不与任何直线或平面平行，故又称空间运动[3]。
758	三维运动	地下水动力学	three-dimensional motion	三维运动 three-dimensional motion	指在已确定的空间坐标系内，地下水的运动方向在三个坐标轴方向的分量均不为零的地下水流动形式。
				1）	如果地下水的渗流速度沿空间三个坐标轴的分量均不等于零，称为地下水的三维运动，多数的地下水运动都是三维运动，也称空间流动[5]。
759	色度	水化学-水文地球化学	chromaticity	色度 chromaticity	指水中的溶解性物质或胶状物质所呈现的类黄色乃至黄褐色的程度。
760	砂槽	模型模式	sand tank	砂槽 sand tank	又称砂槽模型或渗流槽。指用砂或相似材料按一定比例缩小来模拟地下水流动的一种装置。
				1）	亦称渗流槽。是物模拟中的一种实体模型。模型与原型中物理过程完全相同，仅区别于比例尺的大小[3]。砂槽内装有土壤或砂或玻璃球等，其前壁装有玻璃；侧壁和底部安装测压管；两端设有供水系统或控制水位和测流量的装置。根据染色液体的轨迹可确定水流在土中的流线、浸润曲线和渗透速度[1,3]。
				2）	砂槽模拟多用多孔物质制作模型，在模型中研究原型的渗流动态[5]。
				3）	实验槽内装有土壤或砂或玻璃球等、与原型中物理过程完全相同的一种实体模型[4]。
761	砂岩	基础地质	sandstone	砂岩 sandstone	
				1）	一种已固结的碎屑沉积岩，其中粒径为 0.625～2mm 的砂粒的含量占 50%以上，其余为基质或胶结物。砂粒的主要成分为石英、长石、云母、岩屑等，胶结物的成分有硅质、铁质、钙质[1]。
762	闪蒸沸腾作用	水化学-水文地球化学	flash evaporation rimming action	闪蒸沸腾作用 flash evaporation rimming action	指温度超过沸腾点的地下水出露地表时水分快速脱离液体表面的一种水分散发现象。
				1）	热水闪蒸沸腾使水、汽分离，并导致水的物理、化学状况发生变化。

763	上层滞水	水文地质基础	vadose water; perched water	上层滞水 vadose water; perched water	指位于包气带中局部隔水层之上的在重力作用下自由流动的水。
				1)	包气带中局部隔水层上的重力水[1,3]。
764	上升泉	水文地质基础	ascending spring	上升泉 ascending spring	指承压含水层中地下水的天然露头。
				1)	承压水的天然露头,地下水受静水压力作用,上升并溢出地表所形成的泉[3]。
765	上游断面流入量	地下水资源	upstream section inflow	上游断面流入量 upstream section inflow	指在单位时间内,流经含水层断面进入选择区的流量。
766	设计水位降深	地下水动力学	designed drawdown	设计水位降深 designed drawdown	指根据生态以及含水层保护要求和抽水设备技术指标计算的钻孔中水位下降的深度值。
				1)	取水工程设计时,根据需水量要求、含水层埋藏条件、抽水设备吸(扬)程以及防止有害环境地质作用等要求而确定的水井工作时的水位下降深度[4]。
767	渗出面	水文地质基础	seepage face	渗出面 seepage face	指潜水含水层出露的地表面。
				1)	在下游边界上,潜水面以下、下游水面以上的地段称为渗出面[5]。
				2)	当潜水从土坝(或河间地块)流出时,浸润曲线与土坝斜坡(或岸边)的交线高于地表水体的水面,地下水不是直接流入地表水体,而是从交点渗出土坝,然后沿斜坡流入地表水体。在此表面上,压力等于大气压力,这种表面称为渗出面,亦称渗出段[1,3]。
768	渗出面边界	地下水动力学	boundary of seepage face	渗出面边界 boundary of seepage face	指潜水含水层地下水流出部位与地表面相交的边缘线。
769	渗流	地下水动力学	groundwater flow; seepage	渗流 groundwater flow; seepage	指在岩土体内全部空间的理想地下水流动形式。
				1)	地下水在岩土空隙中的运动称为渗流[11]。
				2)	为便于研究,用一种假想水流来代替真实的地下水流,这种假想水流的性质(如密度、黏滞性质)和真实地下水相同,但它充满了既包括含水层空隙的空间,也包括岩石颗粒占据的空间。同时,这种假想水流运动时在任意岩石体积内所受的阻力等于真实水流所受的阻力,通过任一断面的流量及任一点的流量或水头均和实际水流相同,这种假想水流称为渗流。假想水流所占据的空间区域称为渗流区或渗流场[5]。
				3)	假想的充满整个多孔介质的空隙和岩石骨架全部体积的水流,其具有与实际水流相同的断面流量、压力(水位)及水力阻力,以这种假想水流代替空隙中运动的实际水流,研究含水介质中流体的总体平均的运动规律[4]。
				4)	流体(地下水、石油、天然气等)在多孔介质中的运动[1,3]。
				5)	满足以下条件的假想水流称为渗透水流或简称渗流。①通过任一断面的流量与真实水流通过这一断面的流量相等;②某一断面上的压力或水头与真实

					水流的相等；③在任意岩石中所受的阻力与真实水流所受阻力相等[10]。
770	渗流的连续性方程	地下水动力学	continuity equation of seepage flow	渗流的连续性方程 continuity equation of seepage flow	指以质量守恒定律来描述渗流场中地下水的流动要素的数学表达式。
				1）	在渗流场中，各点渗流速度的大小、方向都可能不同。为了反映一般情况下液体运动中的质量守恒关系，就需要在三维空间建立以微分方程形式表达的连续性方程，称为渗流连续方程。
771	渗流量	水文地质基础	seepage discharge	渗流量 seepage discharge	指一定时间内通过岩土体与渗透水流方向垂直的横断面的水量。
				1）	单位时间内渗流通过水断面（垂直于渗流方向取一个岩石截面）的水量[5]。
				2）	单位时间通过过水断面 ω 的渗流体积。它与真实水流通过同一过水断面的流量相等，常用单位为 $[m^3/d]$ 或 $[L/s]$[10]。
772	渗流迁移	水文地质基础	seepage migration	渗流迁移 seepage migration	指地下水及其组分在渗流场中位置变化的过程。
				1）	指的是地下水在孔隙、裂隙岩层中的运动，而发生的物质迁移过程[2]。
773	渗流区	水文地质基础	seepage area	渗流区 seepage area	又称渗流场。指渗透水流经的全部岩土体区域。
				1）	渗透水流所占有的空间区域[1,3]。
				2）	假想水流所占据的空间区域，同时包括含水层空隙和岩石颗粒所占据的全部空间[5]。
				3）	发生渗流的区域[20]。
774	渗流速度	参数	specific discharge/seepage velocity	渗流速度 specific discharge/seepage velocity	又称渗透速度或比流量。指单位时间渗透水流通过单位渗透断面的水量，量纲为 $[L/T]$。
				1）	渗透水流单位时间通过单位过水断面的水量[5]。
				2）	渗透水流单位时间通过单位过水断面的水量，量纲为 $[L/T]$[4]。
				3）	渗透水流的速度。同渗透流速[3]。
775	渗流运动要素	地下水动力学	seepage elements	渗流运动要素 seepage elements	指与地下水流动相关的参数总和。
				1）	表征渗流运动特征的物理量。主要有渗流量（Q）、渗流速度（v）、压强（p）、水头（H）等[5]。
776	渗流折射定律	地下水动力学	law of seepage flow refraction	渗流折射定律 law of seepage flow refraction	又称渗透折射定律。指地下水在通过渗透性明显不同的岩土体的分界面时发生渗流方向改变的现象。
				1）	在透水性突变的界面上，如水流斜向通过界面，则会发生折射。这一现象是由界面上水流连续性条件引起的[5]。
				2）	描述地下水流斜向穿过两种渗透性岩层的分界面时流线发生折射的定律，指流线偏离分界面法线角度的正切与岩层渗透系数成正比关系[4]。

777	渗入承压水系统	水文地质基础	penetrate into the confined water system	渗入承压水系统 penetrate into the confined water system	指某一部位出露地表获得大气降水或地表水补给后形成的局部封闭并具有承压性的含水层系统。
				1）	是由大气降水渗入到地下储集层中的渗透作用以及用这种水所形成静水压力负荷而建立起来的。各类型的承压水体各自间相互接触[2]。
778	渗入水	水文地质基础	water of infiltration; water of percolation	渗入水 water of infiltration; water of percolation	指入渗至地下的大气降水或地表水。
				1）	大气降水和地表水通过土层和岩石的孔隙、裂隙或溶洞渗入地下，形成的地下水[1,3]。
779	渗透	水文地质基础	seepage	渗透 seepage	指地下水在空隙介质中的流动现象。
				1）	地下水在多孔介质或裂隙介质中的运动称为渗透[10]。
780	渗透距离	地下水动力学	seepage distance	渗透距离 seepage distance	指在地下水渗流场中两条不同等水位线的垂直距离。
781	渗透扩散系数	参数	seepage diffusion coefficient	渗透扩散系数 seepage diffusion coefficient	指单位时间内地下水中某一组分随地下水流动的距离。数值上等于分子扩散系数（DM）及水力弥散系数（D_r）之积。
782	渗透流速	参数	seepage velocity	渗透流速 seepage velocity	又称达西流速。指单位时间通过含水层中的单位面积的地下水流量。
				1）	是假想渗流的速度，相当于渗流在包括骨架与空隙在内的断面上的平均流速，也称达西流速或比流量，它不代表真实水流速度[11]。
783	渗透率	参数	specific permeability	渗透率 specific permeability	指单位水头下动力黏滞系数为1时地下水的渗透速度，量纲为$[L^2]$
				1）	压力梯度为1时，动力黏滞系数为1的液体在介质中的渗透速度，量纲为$[L^2]$[4]。是表征土或岩石本身传导流体能力的参数。其大小与孔隙度、液体渗透方向上的空隙的几何形状、颗粒大小以及排列方向等因素有关，而与在介质中运动的液体性质无关[11]。
				2）	表征土和岩石本身传导流体能力的参数。其值仅与介质有关，而与流体无关，量纲为$[L^2]$[1]。
				3）	衡量流体在压力差下通过多孔隙岩石有效孔隙的能力的一种量值，用k表示[3]。
				4）	渗透率的各向异性可产生自然电场的各向异性，国外的试验表明，渗透率的各向异性在时间差分的探地雷达剖面上有明显的反应[10]。
784	渗透水流	水文地质基础	seepage flow	渗透水流 seepage flow	指渗流场中位移随时间变化的水流。
				1）	假想的充满整个多孔介质的空隙和岩石骨架的全部体积的水流[1,3]。
785	渗透途径	水文地质基础	path of filtration	渗透途径 path of filtration	指地下水在岩土体空隙中的实际流动路径。
				1）	上下游过水断面的距离[11]。
786	渗透系数	参数	seepage coefficient; coefficient of permeability	渗透系数 seepage coefficient; coefficient of permeability	又称水力传导率。指在流动途径上水头降低一个单位时单位时间内通过流线法向单位断面的流量，量纲为[L/T]。

					1)	又称水力传导系数。是描述介质渗透能力的重要水文地质参数,渗透系数的大小与介质的结构(颗粒大小、排列、空隙填充等)和水的物理性质(液体的黏滞性、密度)有关,单位为[m/d]或[cm/s][10]。
					2)	由达西定律得,在数量上等于地下水在岩石中流动时,当单位流动途径上水头降落一个单位的条件下,单位时间内通过流线法向单位断面的流量[2]。
					3)	表征岩石透水能力的参数。其物理意义为水力坡度为1时地下水在介质中的渗透速度,量纲为[L/T]。其值与介质和液体的性质有关[4]。
					4)	又称水力传导系数,是水力坡度为1时,地下水在介质中的渗透速度[3],为表征介质导水能力的重要水文地质参数。渗透系数不仅与介质性质有关,还与在介质中运动的地下水的黏滞系数、密度及温度等物理性质有关[1]。
					5)	水力传导系数 K 是表示含水层传输水的能力的量度,它也许是控制地下水流动的最重要的变量。水力传导系数的单位是长度除以时间的单位[10]。
787	渗透性	水文地质基础	permeability	渗透性 permeability		又称透水性。指在一定水头作用下,岩土体让水透过自身的性能。
					1)	指岩体传输水或其他流体(如油气)的性能[11]。
					2)	指在一定压力差(压力梯度)的条件下,岩石让流体透过岩石自身的性能,它是岩石的一种属性[2]。
788	生化需氧量	地下水与环境	biochemical oxygen demand	生化需氧量 biochemical oxygen demand		指在降解水中有机物的过程中,微生物所消耗的氧的数量(BOD),量纲为[M/L^3][9]。
					1)	水中有机污染物经微生物作用生成无机氧化物及气体所需的氧量[1,4]。
					2)	指水中有机污染物经微生物作用生成无机氧化物及气体所需的氧量[2]。
					3)	指在有氧条件下,水中有机物在被微生物分解的生物化学过程中所消耗的溶解氧量[4]。
					4)	又称生物需氧量(BOD),表示水中有机污染物经微生物分解所消耗的水中溶解的氧量(单位为[mg/L]),是测定某一数量有机废物对水体潜在污染能力的一个常用参数[1]。
					5)	水中有机物在有氧条件下,被微生物分解成水、二氧化碳、硝酸盐、硫酸盐的生化过程所需消耗氧的量,单位为[mg/L],量纲为[M/L^3][3]。
789	生活污染源	地下水与环境	sources of life pollution	生活污染源 sources of life pollution		指人类生活过程中产生的并可能导致环境质量变差的污染物的总称。
					1)	人类生产和生活活动所形成的污染源[1]。
790	生态需水量	地下水与环境	ecological water demand	生态需水量 ecological water demand		指维持某一区域生态系统基本稳定的最小水量。
					1)	为维护生态(环境)系统健康运行的水量[11]。
791	生态直接经济损失	地下水与环境	ecological direct economic loss	生态直接经济损失 ecological direct economic loss		指对某一区域内造成的生态恢复所需要的人力成本和经济成本的总和。

				1)	指污染区与非污染区劳动力资源、能耗、种子、移苗价值之差和污染区减产价值之和[10]。
792	生物地球化学地方病	地下水与环境	biogeochemical diseases	生物地球化学地方病 biogeochemical diseases	指某一特定地区地质环境中某些元素的不足或过剩而引起的人或生物的地方性疾病。
				1)	因环境中某些元素的不足或过剩而引起人和生物的地方性疾病[2]。
793	生物降解	地下水与环境	biodegradation	生物降解 biodegradation	又称生物净化法。指在微生物的作用下，地下水中的某些组分发生生物化学反应而被降解的过程。
				1)	是利用微生物处理被污染地下水的方法[9]。
				2)	固体废物中的有机物质在微生物的作用下，发生生物化学反应而降解形成一种类似腐殖质土壤的物质[11]。
794	生物吸附作用	水化学-水文地球化学	biosorption	生物吸附作用 biosorption	指地下水中生物组分黏附到含水层骨架表面或介质孔隙中的现象。
				1)	指生物（尤其是细菌）在地下水运移过程中受到岩石颗粒的表面能和静电力的吸附，其浓度迅速降低的现象[10]。
795	剩余降深	地下水动力学	residual drawdown	剩余降深 residual drawdown	指含水层中钻孔抽水停止后某一时刻水位与初始水位之间的差值。
				1)	原始水位与停抽后某时刻水位之差[5]。
796	湿润性	水文地质基础	wettability	湿润性 wettability	指液相分子被吸附在固相表面的一种物理现象。
				1)	液体分子和固体分子之间的作用力称为液体对固体的湿润性[2]。
797	时间趋势法	技术方法	time trend method	时间趋势法 time trend method	指将时间序列数据的总体趋势分离出来的数学方法。
				1)	指从随时间变化的观测数据中分离出有用信号的方法。有用信号包括趋势性变化和周期性变化两部分[5,14]。
798	实际流速	参数	actual velocity	实际流速 actual velocity	指在单位时间内地下水通过单位实际空隙断面的地下水流量，量纲为[L/T]。
				1)	地下水的质点流速在空隙过水断面面积上的平均值[11]。
				2)	水流在含水层空隙中的真实流动速度。由于空隙的大小、形状不同，水流所受阻力有差别，故水流在含水层中不同位置的实际流速是不等的，变化也较复杂[11]。
799	实际平均流速	参数	mean actual velocity	实际平均流速 mean actual velocity	又称地下水实际平均流速。指地下水流通过含水层实际过水断面的平均流速，量纲为[L/T]。
				1)	在空隙中的不同地点，地下水运动的方向和速度都可能不同，平均速度称为实际平均流速[5]。
				2)	地下水流通过含水层过水断面的平均流速，其值等于流量除以过水断面上空隙的面积，量纲为[L/T][4]。
800	示踪剂	水化学-水文地球化学	tracer	示踪剂 tracer	指易获得且易投放、无毒副作用、化学性质稳定且不易被含水层介质吸附的一类物质。

			1)		对物理、化学性质的要求，一般无毒无害即可常用的离子化物质、有机染料、人工放射性同位素、碳氟化合物和酵母菌[10]。
801	试坑渗水试验	技术方法	pit permeability test	试坑渗水试验 pit permeability test	指在地表挖出一定尺寸的注水坑并保持试坑中稳定水层厚度的条件下测量单位时间内进入坑底和侧面的全部渗水量的工作及结果。
				1)	在地表挖试坑注水，在坑底保持一定水层厚度，使水在地下水面以上的干土层中稳定下渗，根据单位时间内试坑的稳定耗水量测算土层渗透系数的野外水文地质试验方法[1]。在确定渠道、水库、灌区的渗漏水量时，多采用此法测定干燥土层的渗透系数[3]。
802	试验抽水	技术方法	trail pumping	试验抽水 trail pumping	指正式抽水试验前为获取钻孔水位降深及设备初始状态信息的抽水工作。
				1)	正式抽水之前，为清洗钻孔，检查设备及其安装情况，了解最大降深而进行的抽水试验[4]。
803	释水（储水）系数	参数	coefficient of storage; storativity; storage coefficient	释水（储水）系数 coefficient of storage; storativity; storage coefficient	又称弹性给水度。指当水头变化一个单位时单位面积含水介质柱体中释放或储存的水体积，无量纲。
				1)	当水头变化为一个单位时，从单位面积含水介质柱体中释放出来（或存入）的水体积数称为释水（或储水）系数，它是一个无量纲的参数。
				2)	它表示在面积为 1 个单位、厚度为含水层整个厚度（M）的含水层柱体中，当水头改变 1 个单位时弹性释放或储水的水量，无量纲[5]。
				3)	水头（水位）下降（或上升）一个单位时，从底面积为一个单位高度等于含水层厚度的柱体中所释放（或储存）的水量[4]。
				4)	水头下降一个单位时，从单位面积含水层全部厚度的柱体中，由于水的膨胀和岩层的压缩而释放出的水量；或者水头上升一个单位时，其所储入的水量[1]。它是表征含水层（或弱透水层）全部厚度释水（储水）能力的参数[3]。
804	受阻滞的污染物	地下水与环境	blocked pollutant	受阻滞的污染物 blocked pollutant	指含水层中运移速度低于平均水流速度的污染物。
				1)	当污染物的平均迁移速度低于地下水的平均流速时，污染被称为是"受阻滞的"[10]。
805	疏干工程排水量	地下水资源	discharge of dewatering excavation	疏干工程排水量 discharge of dewatering excavation	指在设定时间内，把工程周围水位降低到某一设定高程时排出的水量。
				1)	将水位降到某一规定标高时的排水强度[4]。
806	疏干性可采资源	地下水资源	draining recoverable resources	疏干性可采资源 draining recoverable resources	指某一地区某一时段能开采出的地下水储水量与可开采地下水资源量的差值，且这部分水量差值可在此时段后再次得到补给。
				1)	当一个地区地下水补给量不能满足开采需要时，可考虑部分疏干常年调节才能积累的那部分储存量，以解决单位或地区的急需用水，使生产得到发展，经济上有一定收益后，可以从外地再引水或由当地

					工业回归水作为水源，采用各种人工补给方法恢复借用的储存量，这部分借用的开采资源即称"疏干性开采资源"[2]。
807	疏干因数	参数	factor of drainage	疏干因数 factor of drainage	指用于描述潜水含水层在重力作用下缓慢释水的一个参数。数值上等于水位传导系数与给水度乘积的平方根。
				1)	表征潜水含水层缓慢重力给水作用的参数。疏干因数，$B' = \sqrt{T/(\alpha/\mu)}$。式中，$T$ 为导水系数；μ 为给水度；α 为延迟指数的倒数。量纲为[L][4]。
				2)	表征潜水含水层缓慢重力给水作用的参数。疏干因数，$B' = \sqrt{T/(\alpha/\mu)}$。式中，$T$ 为导水系数；α 为延迟指数的倒数；μ 为给水度[1]。疏干因数随着岩层给水速度的加快而增大，如岩层给水是瞬时的，则 B' 等于无限大；反之亦然。量纲为[L][3]。
808	数学模型	模型模式	mathematical model	数学模型 mathematical model	指在某地区水文地质条件概念模型的基础上，将该区地下水流动的特征用数学语言描述的成果（数学公式或数值表达式）。
				1)	根据对研究对象所观察到的现象、数据以及经验，概化成易于确定和处理的、反映数理关系的、满足某些定解条件的微分方程（或方程组），或是数学公式、统计关系式，用来描述研究对象的运动规律[3]。
				2)	以水文地质概念模型为基础所建立起来的，能刻画和再现实际地下水系统结构、运动特征和各种渗透要素的一组数学关系式[4]。
				3)	一条基本运动规律、一个生产过程、一种技术设计活动等等，它们通常总是可以先通过分析试验、研究之后，再用一系列的适当的数学语言来描述。这种对某种自然规律进行的数学语言描述，就称为数学模型[1]。
809	数值方法	技术方法	numerical method	数值方法 numerical method	又称数值法或数值解法。指求解微分方程近似解的方法。
				1)	用离散化方法求解数学模型微分方程近似解的方法。主要包括有限差分法和有限单元法等[4]。
				2)	微分方程近似解的方法。将连续函数离散化，用有限个结点上的函数值来逼近方程的解。数值方法主要包括有限差分法和有限单元法[1]。
				3)	数值法是一种近似解法。主要是有限差分法和有限单元法，可以考虑介质的非均质性，可以适应比较复杂的边界条件，在一定条件下还可以用来反求水文地质参数，能反映实际情况，在一些复杂的水文地质条件下的地下水资源评价中，具有明显的优越性[2]。
				4)	采用渗流区已知参数或反求的参数，利用电子计算机进行模型调试，然后根据选用的数学模型进行渗流区内地下水位（水头）或流量或水质等的预测方法[3]。
810	数值模型识别	模型模式	calibration of numerical model	数值模型识别 calibration of numerical model	又称数学模型识别。指对初始边界条件下地下水数值模型的计算结果分析后，选择合适水文地质参数，校正已建数值模型和边界条件的计算过程。
				1)	在已知数学模型初、边值条件下，通过对地下水系

				统模型的输入和输出计算结果的分析，达到选择正确参数（即参数识别）、校正已建立数学模型和边界条件的计算过程[4]。
811	双层介质	水文地质基础	two-layered medium	双层介质 two-layered medium	指岩性或水力学性质方面具有明显二分现象的介质。
				1）	指上层为弱透水层、下层为渗透性较好的岩层所组成的非均匀介质[4]。
				2）	双层介质是非均质介质的一种类型[1]。在地下水动力学中是指由两个具有不同渗透性的土层所组成的含水系统[3]。
812	双重介质	水文地质基础	duel medium	双重介质 duel medium	指具有裂隙、孔隙和溶隙中的两种介质性质的含水介质。
				1）	一般指具有裂隙和孔隙两种介质性质、并以裂隙导水和孔隙储水为特征的多孔介质[4]。
				2）	具有裂隙和孔隙两种介质性质的含水介质[1,3]。
813	双重介质方法	技术方法	dual-media	双重介质方法 dual-media	指假定地下水的流动由孔隙到裂隙或是从裂隙到孔隙而构建地下水流动数学模型的过程及结果。
				1）	为比较准确刻画存在两种尺度相差相当大的空隙岩层。用两种不同的介质近似刻画两类大小不同的空隙，这种方法称为双重介质方法[11]。
				2）	研究裂隙介质渗流的一种方法。用两种等效的多孔介质去近似代替大小两种空隙，这种方法称为双重介质方法[4][1]。
814	双环入渗试验	技术方法	double-ring infiltration experiment	双环入渗试验 double-ring infiltration experiment	指在试验区岩土体表面一定深度同心放置两个直径不同的圆环并向环中注相同高度的水观察内环中水位时间变化获取入渗参数的工作及成果。
815	水动力弥散	地下水动力学	dispersion；hydrodynamic dispersion	水动力弥散 dispersion；hydrodynamic dispersion	又称弥散。指地下水中组分在分子扩散与地下水流动联合作用下的转移现象。
				1）	在多孔介质中所观察到的两种成分不同的可混溶液体之间过渡带的形成和演化过程。这是一个不稳定的不可逆转的过程。水动力弥散是由溶质在多孔介质中的机械弥散和分子扩散所引起的[5]。
				2）	在多孔介质液体流动中，成分不同的两种易混液体间的过渡带的发生和发展的现象[2]。
				3）	溶质示踪物稀释时的扩散现象。当一定数量溶质示踪物在地下水流中运移而逐渐传播时，可以占据超出地下水平均流速所影响的范围，愈扩愈大。弥散是由质点的热动能和流体的对流而引起的，是分子扩散和机械混合两种作用的结果[1]。
				4）	在多孔介质中，当存在两种或两种以上可混溶的液体时，在流体运动作用下其间发生过渡带，并使浓度趋于平均化，这种现象称为多孔介质中的水动力弥散现象，简称弥散现象。水动力弥散是一个污染物从地下水主流方向扩展开来的过程。
816	水动力弥散方程	地下水动力学	hydrodynamic dispersion equation	水动力弥散方程 hydrodynamic dispersion equation	指描述地下水中某一组分转移的时间-空间质量守恒表达式。

		1)		水中某种溶质的质量守恒方程[9]。
		2)		水动力弥散方程式地下水系统中污染物运移与预测的基础。它反映地下水流场中任一点处任一时刻的水动力参数、介质参数与水动力参数间的定量关系[10]。
817	水动力弥散理论	地下水动力学	hydrodynamic dispersion theory	水动力弥散理论 hydrodynamic dispersion theory	指依据物理基本定律研究地下水中组分转移现象的理论。
		1)		地下水中的溶解组分一方面可以随着地下水的运动而运移，同时它们也可以在自身浓度梯度的作用下进行迁移，研究化学元素在地下水中迁移规律的理论通常被称为水动力弥散理论[9]。
		2)		是定性描述和定量评价各种易混液体在多孔介质中相互替代的习性的理论[2]。
818	水动力弥散系数	参数	coefficient of dispersion；dispersivity	水动力弥散系数 coefficient of dispersion；dispersivity	指描述地下水系统中某一组分随时间发生空间分布变化程度的一个参数。
		1)		地下水溶质迁移的重要水文地质参数，是表征在一定流速下，多孔介质对某种溶解物质弥散能力的参数[10]。
		2)		表征溶质在多孔介质中分子扩散和机械弥散作用的综合参数。其值（D）等于分子扩散系数（D_m）和机械弥散系数（D_h）之和[4]。
819	水分散晕	地下水动力学	water dispersion halo	水分散晕 water dispersion halo	指地下水中一组分或新进入地下水中的组分在此后某一时刻含水层中的分布范围。
		1)		指矿体物质在水中的扩散作用和地下水流动所造成的地下水中某种化学元素富集的地段[3]。
820	水分特征曲线	水文地质基础	suction curve；retention curve；characteristic curve	水分特征曲线 suction curve；retention curve；characteristic curve	指土壤含水率与土壤水负压的关系曲线。
		1)		土壤水负压是土壤含水率的函数，它们之间的关系曲线称为土壤水分特征曲线或持水曲线[11]。
		2)		非饱和水流压力水头 h_c（或吸力）与土壤含水量 w 间的关系曲线[1]。影响水分特征曲线的主要因素有土壤性质、结构、温度以及水分变化过程（吸湿过程或脱湿过程）等[3]。
821	水化学	水化学-水文地球化学	hydrochemistry	水化学 hydrochemistry	指用化学原理与方法研究水和水中组分的形成与分布及其演化规律的一门学科。
		1)		研究天然水化学成分的形成、分布和演变的学科[4]。
		2)		研究天然水（河流、湖泊、大气水、井水、泉水和海水等）化学成分及其在空间和时间上的分布和演变的学科[1,3]。
822	水解作用	水化学-水文地球化学	hydrolytic dissociation	水解作用 hydrolytic dissociation	指矿物中某一元素与水中氢离子和氢氧根离子相互作用形成新的离子团的过程。
		1)		盐或离子与水作用生成酸和碱的过程[5]。

编号	术语	类别	英文	英文全称	释义
				2）	地下水与岩石相互作用，成岩矿物的晶格中，发生阳离子被水中氢离子取代的过程[4]。
				3）	一种与中和作用相反的作用。即矿物中加入水引起分解的化学变化过程[1]。
823	水井回扬	工程类	pump lifting of injection well	水井回扬 pump lifting of injection well	指在地下水人工回灌过程中，为了避免含水层中的细粒物质和回灌井中的沉淀物质堵塞水井而采用的抽水作业方法。
				1）	在地下水人工回灌过程中，为了消除堵塞含水层中的细粒物质和回灌井中的沉淀物以保持回灌井的回灌效率，需要定期或不定期地在回灌井中进行的抽水工作[4]。
824	水井酸化处理	技术方法	acidizing of well	水井酸化处理 acidizing of well	指向井内注入一定浓度的盐酸溶解部分可溶性岩石，提高含水层透水性能以增加出水量的方法。
				1）	向井内注入一定浓度的盐酸，利用盐酸对碳酸盐类的溶解性能，提高含水层的渗透性能是一种增大井孔出水量的技术措施[1,3]。
825	水井最大出水量	工程类	maximum yield of water well	水井最大出水量 maximum yield of water well	指不引起地质环境负效应下最大降深时井的出水量。
				1）	与最大水位降深相对应的水井流量[4]。
826	水均衡法	技术方法	water balance method	水均衡法 water balance method	指用质量守恒方法研究地下水各水量要素之间收支数量关系的过程及结果。
				1）	水量均衡法，是全面研究计算区（均衡区）在一定时间段（均衡期）内地下水补给量、储存量和排泄量之间数量转化关系的方法[10]。
				2）	根据某一均衡区、某一均衡期内地下水补给量、消耗量和储存量之间的数量平衡关系，利用所确定的均衡要素计算地下水天然资源（或补给量）和开采资源（可开采量）的资源评价方法[4]。
				3）	对于一个均衡区，在一定的均衡期内直接测定大部分水均衡要素（个别要素也可采用经验数据，或利用类似地区的数据比拟估算），进行水均衡计算和评价的方法[1,3]。
827	水均衡方程	地下水动力学	equation of water balance	水均衡方程 equation of water balance	指根据质量守恒定律建立的某一时段一定地区内的天然水补给量和排泄量与储存量之间的数量关系表达式。
				1）	在某一地区、某一时段内（天然水）各补给量总和与各消耗量总和的差值等于均衡期始末水的储存量的变化量的关系式。表示水均衡收入项和支出项关系的方程[4]。
				2）	表示水均衡收入项和支出项关系的方程[1,3]。
828	水均衡要素	地下水资源	elements of water balance	水均衡要素 elements of water balance	指均衡区内各补给量、排泄量和储存量等要素的总称。
				1）	天然水各补给量、各消耗量及储存量变化量的总称[4]。
				2）	水均衡中组成地下水总补给量或总消耗量中的每一个单独项目[1,3]。
829	水力模拟	模型模式	hydraulic simulation	水力模拟 hydraulic simulation	指用一种装置观察水动力与阻力现象的过程。

编号	名称	类别	英文	中文术语	释义
				1）	水力模拟又可分为隙缝槽和水力积分仪两种，前者利用黏性液体在小于 2mm 宽度的隙缝板中运动所受阻力（水平或垂直的），后者利用水在不锈钢阻力管中运动的阻力来模拟地层中水运动的阻力，以容器内的水位模拟水头，隙缝槽属于时间、空间连续的模拟系统，水力积分仪属于时间连续、空间离散的模拟系统[2]。
830	水力坡度	参数	hydraulic gradient	水力坡度 hydraulic gradient	指沿等水头面法线方向单位距离上的水头差，无量纲
				1）	又称水力梯度。指沿等水头面（线）法线方向（水头降低方向）单位距离上的水头变化率[11]。
				2）	是地下水流动方向上的水面坡度即降落曲线坡度。水力坡度是一个向量，方向与流向一致，大小等于单位流径长度上的水位下降值（即水头损失）[1,3]。
				3）	沿水流运动方向单位渗流路程长度上水位（水头）下降值[4]。
				4）	是表示含水层中任意两点的水位（水头）差与该两点间直线距离的比值。无量纲[10]。
831	水力削减法	技术方法	hydraulic cut method	水力削减法 hydraulic cut method	指以单井抽水试验的水位降深与流量关系，按叠加原理确定多井流量衰减系数后，计算干扰井群总出水量的过程及结果。
				1）	是直接根据单井稳定流抽水试验的流量、水位降深资料和水位叠加原理，计算承压含水层（或厚大潜水含水层）中完整井群干扰出水量的一种经验方法[4]。
				2）	计算干扰完整井涌水量的经验方法。其基本原理是利用涌水量减少系数 a 来计算干扰的涌水量[1,3]。
832	水流折射	地下水动力学	refraction of flow	水流折射 refraction of flow	指地下水通过渗透性突然变化的地质界面时发生的水流方向改变的现象。
				1）	在透水性突变的界面上，如水流斜向通过界面，则会发生折射的现象[5]。
833	水平构造	基础地质	horizontal structure	水平构造 horizontal structure	
				1）	指岩层产状近于水平的构造[7]。
834	水平排泄	水文地质基础	horizontal discharge	水平排泄 horizontal discharge	指近乎水平的含水层中的地下水向地表或同一水平面上的其他含水层流动的现象。
				1）	地下水以渗透水流或泉流的形式向另一含水层或地表所进行的排泄，水分和盐分将同时泄出[1,3]。
835	水平迁移	地下水动力学	horizontal migration	水平迁移 horizontal migration	指在水平岩层含水层区域中组分随地下水流动过程中垂向位移极小的一种转移方式。
				1）	指溶质随着地下水的总体运动而转移的过程[10]。
836	水迁移强度（元素迁移能力）	参数	the intensity of water migration	水迁移强度（元素迁移能力）the intensity of water migration	指 1g 物质在单位时间内向地下水中转移的质量。
				1）	水迁移强度是每 1g 物质在单位时间内所能迁移的质量[5]。

837	水迁移系数	参数	migration coefficient in water	水迁移系数 migration coefficient in water	又称元素迁移系数。指元素在水中的含量与该元素在岩石圈中的丰度或当地岩土体中的平均含量的比值，无量纲。
				1）	水迁移系数是衡量元素的水迁移性能的常数。元素的水迁移系数等于元素在水中矿化物中的含量与该元素在岩石圈中的丰度（克拉克值），或当地岩石中的含量的比值[5]。
				2）	评价元素迁移能力指标之一。表示化学元素（x）在水的单位矿质残渣中的含量（m/a）与在该处岩石中的含量（$n/100$）之比。用 K_x 可以比较主要元素和次要元素的相对迁移强度[4]。
838	水迁移元素	水化学-水文地球化学	water migration element	水迁移元素 water migration element	指赋存于地下水中并随水发生转移的一类元素的总称。
				1）	指以离子、络离子、分子、胶体等状态在天然水中迁移的元素。大部分元素都属于水迁移元素，其中最主要的有 Cl、Br、I、S、Ca、Mg、Na、F、Sr、Zn、Cu、Ni、Co、Mo、V、Mn、Si、P、K 等[2]。
839	水圈	水文地质基础	hydrosphere	水圈 hydrosphere	指赋存于地球圈层中相对稳定的连续水圈层结构。
				1）	指赋存于地球各圈层且具有连续或相对连续面构成的圈层结构的水的总称[3]。
840	水容量	地下水资源	water capacity	水容量 water capacity	指毛细压力变化一个单位时，毛细水带含水量的变化值。
				1）	表示毛细压力变化一个单位时，含水量的变化量[2]。
841	水溶液相配分	水化学-水文地球化学	aqueous speciation	水溶液相配分 aqueous speciation	指一定条件下某一水中组分在自由离子、离子对和络合物间的比例。
				1）	指溶液组分在自由离子与离子对和络合物间的分配[10]。
842	水头恢复	地下水动力学	recovery of water level	水头恢复 recovery of water level	指在钻孔抽水过程停止后，井中水位逐渐恢复到初始水位的过程。
				1）	在不考虑水头惯性滞后动态的情况下，水井以某一流量持续抽水一段时间后停止恢复水位[5]。
843	水头损失	地下水动力学	head loss	水头损失 head loss	指单位重量流体通过单位长度介质时的能量损失，量纲为[L]。
				1）	在地下水渗透过程中由于水的黏滞性引起的摩擦及克服局部阻力所消耗的水头[4]。
				2）	单位重量流体在流动过程中，由于流体内部摩擦及克服局部阻碍所消耗的机械能[1,3]。
844	水位传导系数	参数	coefficient of water-level conductivity	水位传导系数 coefficient of water-level conductivity	指描述潜水含水层水位变化传播速度的一个参数，数值上等于导水系数与给水度的比值，单位为 $[L^2/T]$。
				1）	对于潜水称为水位传导系数，定义为 $a' = T/\mu$，m^2/d，式中，T 为导水系数；μ 为重力给水度[2]。
				2）	表征潜水含水层水位变化传播速度的参数。其值等于导水系数与给水度的比值，量纲为$[L^2/T]$[4]。
				3）	又称水力扩散系数，它表征在弹性动态条件下潜水含水层中水位变化传播速度的参数。水位传导系数

				$aw = Kh/\mu$（K 为渗透系数；h 为潜水含水层平均厚度；μ 为给水度）。量纲为 $[L^2/T]$ [1,3]。
845	水位恢复试验	技术方法	recovery test	水位恢复试验 recovery test	指含水层抽水过程结束后，利用某一水位观测点的水位回升过程，获得时间-水位的关系曲线求取含水层渗透系数的工作及结果。
				1)	在不考虑水头惯性滞后动态的情况下，水井以一定流量持续抽水一定时间后停抽恢复水位的试验[5]。
846	水位降深	地下水动力学	drawdown	水位降深 drawdown	指从井或钻孔中抽水时水头与初始水头的差值。
				1)	从井或钻孔中抽水时，初始水头与抽水后的水头差[5]。
				2)	从井、孔中抽水，水位会下降，由抽水前井内的静止水位至抽水后的下降水位之间距[1,3]。
				3)	从井中抽水时，井周围含水层中的水流入井中，井中和井附近水位的降低。初始水头与抽水 t 时间后的水头之差[5]。
847	水文地球化学	水化学-水文地球化学	hydrogeochemistry	水文地球化学 hydrogeochemistry	指以化学原理和方法，研究水-岩相互作用过程及其结果的一门学科。
				1)	研究地下水中化学组分的形成、分布、迁移和富集规律及其在生产实际中应用的一门学科[9]。
				2)	研究地下水化学成分的形成和变化规律、地下水中化学元素的迁移过程以及地下水在岩层中的地球化学作用的学科[3]。
848	水文地球化学背景值	水化学-水文地球化学	hydrogeochemical background value	水文地球化学背景值 hydrogeochemical background value	指未受到人类活动影响的含水层中地下水中某组分的平均含量。
				1)	元素在地下水中的正常含量。水文地球化学背景值必须针对不同地区、不同季节、不同岩石类型并结合其他地质、地球化学以及自然地理、水文地质条件来确定。背景值可分为区域性背景值和地方性背景值[1,3]。
849	水文地球化学场	水化学-水文地球化学	hydrogeochemistry field	水文地球化学场 hydrogeochemistry field	指地下水中组分分布与转化的全部含水层空间。
				1)	元素含量在天然体系中的空间分布特征称为水文地球化学场[5]。
850	水文地球化学调查	预测评价类	hydrogeochemical survey	水文地球化学调查 hydrogeochemical survey	指在一定地区开展的与地下水水质相关的水文地质工作。
				1)	为了解决地质学、水文地质学、环境学和地质工程中的问题，进行的包括水化学，气象、景观条件、地质和水文地质特征，人类活动（地质工程）等在内的调查[5]。
851	水文地球化学模拟	模型模式	hydrogeochemical simulation	水文地球化学模拟 hydrogeochemical simulation	指依据化学原理将水文地球化学过程与结果进行现状还原或预测未来发展趋势的一种数学与热力学计算过程及结果。
				1)	根据所获得的地质、水文地质及化学分析资料，可对地下水系统中发生的水文地球化学过程进行模拟[9]。

			2)	水文地球化学模拟试图从纳米级至千米级尺度，再现人类活动和自然条件下地下水系统中元素和组分的分配与再分配过程，从而分析包括污染物在内的元素与组分的形成分布规律，预测地下水系统的化学演化趋势。水文地球化学模拟常见的方式有"反向地球化学模拟"和"正向地球化学模拟"[10]。
852	水文地球化学形迹	水化学-水文地球化学	hydrogeochemical trace	水文地球化学形迹 hydrogeochemical trace	指水-岩作用后留下的水文地球环境化学状况和矿物现象的总称。
			1)	是观察和研究古水文地质作用的重要指标，是恢复古水文地球化学的基本依据。其具体含义是指地下水活动的自然地质历史形成物称为水文地球化学形迹。换言之，它是地下水化学成分在不同热力条件和物理化学条件下，元素向岩石圈中反向迁移过程中所遗留下来的蛛丝马迹。是地下水化学成分析出的产物[2]。
853	水文地球化学异常	水化学-水文地球化学	hydrogeochemical anomaly	水文地球化学异常 hydrogeochemical anomaly	通常认为某元素或组分含量超过或低于平均值±3倍标准差为异常。呈现水文地球化学异常现象的点称为异常点。异常点的分布区域称为异常区。
			1)	具有一定水文地球化学找矿标志异常含量的泉和地表水流的分布地段[1,3]。
			2)	地下水由于各种地球化学作用，出现某些组分相对于水文地球化学背景值增加或减少的现象[4]。
854	水文地质比拟法	技术方法	hydrogeological analogue method	水文地质比拟法 hydrogeological analogue method	又称比拟法。指根据已勘探或开采地区的实测水文地质参数、地下水资源总量或开采量，近似地估算水文地质条件相似地区的同一要素的过程及结果。
			1)	根据已勘探或开采地区的实测涌水量或开采量，近似地估算水文地质条件相似地区的涌水量或开采量的方法[1,3]。
			2)	根据已开采水源地或已完成详勘工作水源地的实际或预测开采量（或水文地质参数），近似地推算水文地质条件相似水源地的可开采量[4]。
855	水文地质参数	参数	hydrogeological parameter	水文地质参数 hydrogeological parameter	指一个地区参与地下水资源计算的各含水层参数的总和。
			1)	水文地质计算参数是地下水资源评价中的重要基础资料。它们包括：含水层的导水系数、承压含水层的储水系数、潜水含水层的给水度、降水入渗系数以及弱透水层的越流系数，还有包气带的水势、水分传导系数、水容度，以及含水介质的溶质扩散系数、弥散系数等[2]。
			2)	反映含水层或透水层水文地质性能的指标。如渗透系数、导水系数、水位传导系数、压力传导系数、给水度、释水系数、越流系数等，都是基本的水文地质参数[1,3]。
856	水文地质参数解析解法	地下水动力学	analytical solution of hydrogeological parameters	水文地质参数解析解法 analytical solution of hydrogeological parameters	指在水文地质条件较为简单的研究区，用解数学方程计算方式得出含水层地下水流动参数（如渗透系数、储水系数、孔隙度等）的过程及结果。

				1）	可以对数学模型求得精确的解析解。对于一个区域模型，只有当含水层性质均一，边界条件比较简单，边界形状规则时，才可能求得解析解。目前这种方法多用于比较简单的水文地质条件。
857	水文地质测绘	水文地质基础	hydrogeological mapping	水文地质测绘 hydrogeological mapping	指为了解某一区域水文地质特征开展的全部地质调查工作。
				1）	对地下水和与其有关的各种地质现象进行实地观测和填图工作[1,3]。
				2）	是认识地下水埋藏分布和形成条件的一种调查方法。其工作特点是通过现场观察、记录及填绘各种界线和现象，并在室内进一步分析整理，编制出反映调查区水文地质条件的各种图件，并编制出相应的地下水资源调查报告。
				3）	对地面地质、地貌、地下水露头及与地下水有关的各种地质现象所进行的实地观测和填图工作[4]。
858	水文地质单元	水文地质基础	hydrogeologic unit	水文地质单元 hydrogeologic unit	指具有统一的地层演化史、构造演化史和水化学演化史的区域。
				1）	地下的水文体系，可按地下水的储存和循环的系统性区分为一系列独立或半独立的单元。这种单元称为水文地质单元[2]。
				2）	具有统一补给边界和补给、径流、排泄条件的地下水系统[4]。
859	水文地质地块	水文地质基础	hydrogeologic massif	水文地质地块 hydrogeologic massif	指根据研究目的按某一水文地质要素进行的区块划分结果。有时特指褶皱山区。
				1）	以裂隙水和岩溶水为主的丘陵山区[3]。
860	水文地质分区	水文地质基础	hydrogeological division	水文地质分区 hydrogeological division	指根据水文地质要素的相似性和差异性对某一研究区的进一步归类划分及划分结果。
				1）	将地壳表部按其中所赋存的地下水的差异性而划分的若干个地段[3]。
861	水文地质概念模型	模型模式	conceptual hydrogeological model	水文地质概念模型 conceptual hydrogeological model	指将地质原型中的关键要素（含水层边界、渗透性质、水力特征等）概化成的简洁的结构表达形式。
				1）	根据对某一地区水文地质条件的认识，将几个关键要素描述的，且能反映主要的水文地质特征的简洁地质结构与参数结合的表达形式。
				2）	把含水层实际的边界性质、内部结构、渗透性质、水力特征和补给排泄等条件概化为便于进行数学与物理模拟的基本模式[4]。
862	水文地质观测点	水文地质基础	hydrogeological observation point	水文地质观测点 hydrogeological observation point	指以水文地质现象为重点描述对象的现场观测调查点。
				1）	观察、描述水文地质现象的地下水天然露头和人工露头点[4]。
863	水文地质观测站	工程类	observation station of groundwater regime	水文地质观测站 observation station of groundwater regime	指能观测到较为系统、全面的水文地质参数的水文地质观测基地。

					又称地下水动态观测站。是对地下水动态和均衡进行长期观测和研究的机构，主要由观测点网、均衡试验场和室内试验组成[3]。
				1)	
864	水文地质勘查	水文地质基础	hydrogeological investigation	水文地质勘查 hydrogeological investigation	指通过野外和各种技术方法调查获取水文地质参数及水文地球化学特征，全面了解一个地区地下水的水质和水量等信息的相关工作。
				1)	为查明一个地区的水文地质条件而对地下水及与其有关的各种地质作用所进行的勘查研究工作[1,3]。
				2)	为查明一个地区的水文地质条件进行的野外和室内水文地质工作。包括水文地质测绘、勘探、试验、地下水动态监测等工作[4]。
865	水文地质勘探孔	工程类	hydrogeological exploration borehole	水文地质勘探孔 hydrogeological exploration borehole	指用于查明某一地区与含水层及其水文地质要素的钻孔。
				1)	为查明水文地质条件，按水文地质钻探要求施工的勘探孔[4]。
866	水文地质剖面图	图形	hydrogeological profile	水文地质剖面图 hydrogeological profile	指反映一个地区水文地质要素的地质剖面图。
				1)	反映某一地段沿某一断面在一定垂直深度内的水文地质条件的图件[3, 4, 10]。
867	水文地质条件	水文地质基础	hydrogeological setting/condition	水文地质条件 hydrogeological setting/condition	指一个地区与地下水形成、分布、流动、水量和水质等有关的水文及地质要素的总和。
				1)	一个地区地下水埋藏、分布、运动，以及水质和水量等特征的总称[1,3]。
868	水文地质图	图形	hydrogeological map	水文地质图 hydrogeological map	指反映水文地质条件要素的地质图件。
				1)	反映一个地区地下水分布和特征的图件。它是总结和表示水文地质调查成果的主要形式[1,3]。
869	水文地质物探	工程类	hydrogeophysical prospecting	水文地质物探 hydrogeophysical prospecting	又称水文地质物理勘探。指用物理方法和手段，获取某一区域的水文地质特征或参数的方法。
				1)	水文地质地球物理勘探的简称，包括地面物探（其中最常用的是电测深法和电剖面法等）、水文测井、遥感技术（包括航片、卫片的解译和红外线扫描等）三个重要组成部分[1,3]。
870	水文地质学	水文地质基础	hydrogeology	水文地质学 hydrogeology	指研究地下水的学科。
				1)	研究地下水的科学。它主要是研究地下水的分布和形成规律，地下水的物理性质和化学成分，地下水资源及其合理利用，地下水对工程建设和矿山开采的不利影响及其防治等[3]。
871	水文地质钻探	工程类	hydrogeological drilling	水文地质钻探 hydrogeological drilling	指以获取水文地质要素或参数为目的的一种钻孔作业。
				1)	水文地质勘查的钻探施工，一般在进行地面测绘和物探工作的基础上进行，水文地质孔除在钻进施工过程中进行水文地质编录外，还用于进行水文地质试验（如抽水、注水等）和测井等工作，以取得定

				量评价含水层的各种水文地质数据[1,3]。
872	水文循环	地下水资源	hydrologic cycle	水文循环 hydrologic cycle	指水分在太阳能、重力或应力作用下在地球各圈层中相互交换的过程。
			1)		太阳能热辐射和地球重力等作用造成的地球上水的不断地循环往复[3]。
			2)		大气水、地表水和地壳浅表层地下水之间的水分交换[11]。
873	水文因素	地下水资源	hydrologic factor	水文因素 hydrologic factor	指与地表水体相关要素的总和。
			1)		地表水体补给地下水引起地下水位抬升时，随着远离河流，水位变幅减小，发生变化的时间滞后[1,4]。
874	水下泉	水文地质基础	underwater spring; subaqueous spring	水下泉 underwater spring; subaqueous spring	指地表水水面以下地下水的露头。
			1)		从水体（河、湖等）底部岩石中流出的泉水[1,3]。
			2)		地表水体以下岩石中流出的泉[4]。
875	水型	水化学-水文地球化学	water type	水型 water type	指根据地下水某一属性划分出的地下水类型。
876	水-岩作用	水化学-水文地球化学	water-rock interaction	水-岩作用 water-rock interaction	指水与岩（土）体之间的物理作用、化学作用和生物化学作用的总称。
			1)		将地壳看成是水、岩、气三相体系，研究天然水与岩石之间的相互作用[5]。
877	水盐均衡	水化学-水文地球化学	water-salt balance	水盐均衡 water-salt balance	指水分和盐分的质量平衡方程。
			1)		地下水的水量和盐分的收入项和支出项的对比关系。是土壤改良水文地质的研究内容之一[4]。
			2)		在干旱半干旱地带的灌区内，采取灌溉和排水措施时，水分和盐分在一年的不同季节内在包气带内和潜水中有规律的变化[1,3]。
878	水源卫生防护带	地下水与环境	sanitary protective belt for water source	水源卫生防护带 sanitary protective belt for water source	指按照保护水源地的原则科学设定并有明显标识的一定范围区域。
			1)		为防止供应生活饮用水的水源受到污染而采取卫生防护措施的地带[1,3]。
879	水跃	地下水动力学	hydraulic jump; pressure jump	水跃 hydraulic jump; pressure jump	指在抽水过程中，潜水含水层井中的水位明显低于渗水带的现象。
			1)		当潜水流入井中时存在渗出面，又称水跃，即井壁水位高于井中水位[5]。
			2)		潜水井抽水水位降深最大时，井壁含水层中的水位高于井中水位的现象[3]。
880	水跃值	地下水动力学	value of hydraulic jump; pressure jump	水跃值 value of hydraulic jump; pressure jump	指抽水时潜水含水层最高渗入点水位与抽水水位的差值。
			1)		井孔抽水时，井壁含水层中的水位高出井中水位的差值[3]。

881	水质	水化学-水文地球化学	quality of groundwater	水质 quality of groundwater	指水的物理性质、化学性质及生物性质的总和。
				1）	地下水的物理、化学和生物性质之总称[4]。
882	水质标准	水化学-水文地球化学	water quality criteria/standard	水质标准 water quality criteria/standard	指用于区分或评价水质质量的一系列组分指标限定值或感官要求。
				1）	国家规定的各种用水在物理性质、化学性质和生物性质方面的要求[3]。
883	水质分析	水化学-水文地球化学	chemical analysis of water	水质分析 chemical analysis of water	指用物理仪器或化学方法确定水中物理组分、化学组分和生物组分的工作及成果。
				1）	又称水化学分析，即用化学和物理方法测定水中各种化学成分的含量。水质分析分为简分析、全分析、和专项分析三种[3]。
884	水质类型		water quality types	水质类型 water quality types	指根据物理性质、化学性质和生物性质组分中的某一属性或组分之间的数量关系对地下水的分类结果。
				1）	根据舒卡列夫分类法，将地下水中 6 种主要离子（Cl^-，SO_4^{2-}，HCO_3^-，Na^+，Mg^{2+}，Ca^{2+}）及 TDS 划分。含量大于 25%毫克当量的阴离子和阳离子进行组合，共分为 49 型水，每型以一个阿拉伯数字作为代号[11]。
885	水质评价	预测评价类	evaluation of water quality	水质评价 evaluation of water quality	指按照某一标准对目标水体或水样进行比对的相关工作及结果。
				1）	普查和勘探地下水时，按不同目的和用途，对地下水的物理化学性质进行分析研究后，作出的评价和处理意见[3]。
886	水质突变模型	模型模式	solute transfer model	水质突变模型 solute transfer model	又叫水质转换模型。指描述地下两种水质界面清晰的质量转换数学表达式。
				1）	描述不同密度、不同性质地下水突变界面运动规律的地下水水质模型。常用于研究滨海地区地下咸水和淡水分界面的运移规律[4]。
887	瞬时突水	工程类	transient water bursting	瞬时突水 transient water bursting	指工程活动过程中揭露含水层或地下水通道时产生的涌水量大且时间长度远远小于应对反应时间的一类突水现象。
				1）	掘进井巷达到或接近高压含水层（带）或其他充水水源时，突然产生且突水量很快达到高峰值的突水现象[4]。
888	死端孔隙	水文地质基础	dead end pores	死端孔隙 dead end pores	指多孔介质中一端与其他孔隙连通，另一端是封闭的孔隙。
					有一端与其他孔隙连通，另一端是封闭的，其中的地下水相对停滞[5]。
889	似稳定流	地下水动力学	quasi-steady flow	似稳定流 quasi-steady flow	指一定期间水头与流速基本不变的一种地下水流动形式。
				1）	为了便于分析和运算，也可以将某些运动要素变化微小的渗流，近似看作稳定流[11]。
890	似稳定状态	地下水动力学	quasi-steady state	似稳定状态 quasi-steady state	指在某时段内含水层中地下水流动各要素的变化幅度可以满足相应水文地质计算要求的相对稳定状态。
				1）	在没有补给的无限厚含水层中，随着抽水时间的延

长，水位降深的速率会越来越小，降落漏斗的扩展也极其缓慢。当降落漏斗内的水位降深速率变得如此小，以致在较短的时间间隔内几乎观测不到明显的水位下降时，如果延长观测时间间隔，仍能看到水位在缓缓下降。此时漏斗内的水流便可近似作为稳定运动[5]。

891	苏打水	水化学-水文地球化学	soda water	苏打水 soda water	指地下水中重碳酸根与钠离子的总量和 pH 与苏打溶于水的含量近似的一类地下水。
				1）	以强碱的含氧水为特征，对铀呈碳酸盐络合物迁移很有利，在含盐土壤中，在干燥气候条件下的岩浆岩风化带中和其他地区可见到，目前尚研究不够[2]。
892	速度势	地下水动力学	velocity potential；specific discharge potential	速度势 velocity potential；specific discharge potential	指水头与渗透系数的乘积。
				1）	渗透系数与水头的乘积，以 $\varphi = Kh$ 表示。对于均质各向同性介质，渗透系数为常数时，达西定律可写为 $v = -K\dfrac{dh}{ds}$。式中，v 为渗透速度；K 为渗透系数；h 为水头；s 为沿水流方向的渗透距离。速度势与水头成正比，随流程的增加而减小。它沿流线方向的导数等于渗透速度[3]。
893	酸度	水化学-水文地球化学	acidity	酸度 acidity	指地下水能中和碱的数量指标。
				1）	指地下水中和碱的能力的一个综合性指标[9]。
				2）	又称地下水的酸度，地下水中能与强碱作用的游离无机酸、未化合的二氧化碳强酸弱碱盐和有机酸等的总含量[4]。
894	酸性废水	水化学-水文地球化学	acid wastewater	酸性废水 acid wastewater	指人类工程活动造成的 pH 明显低于当地天然背景 pH 的水。
895	随机模型	数理	stochastic model	随机模型 stochastic model	指至少有一个随机变量的地下水流动方程表达式或数学方程组。
				1）	在数学关系式中含有一个或多个随机变量的地下水数学模型[4]。
				2）	在地下水运动诸要素中，有一个或一个以上的变量为随机变量的数学模型[2]。
				3）	由概率性和随机性参数关系式所决定的模型，它描述自然界无规律和有规律变化因素所控制的系统[1,3]。
896	随机事件	数理	random events	随机事件 random events	
				1）	指在一定条件下，可能发生也可能不发生的试验结果，简称事件[8]。
897	随机性成分	数理	random component	随机性成分 random component	指一组与时间相关的数据经过数学分析去掉趋势部分和周期性部分所剩余的残差数量。
				1）	指在确定趋势、周期性成分后得到的随机剩余，本身无多大地质意义，一般只用于估计时间序列中随机干扰的大小[2]。
T					
898	泰斯公式	地下水动力学	Theis	泰斯公式	指依据地下水弹性动态释水理论和钻孔或井中定流

			equation	Theis equation	量或定降深抽水获得的降深与流量的关系曲线，由泰斯推导的在非稳定流条件下计算含水层渗透系数的一种数学表达式。
				1)	地下水流向井孔的平面非稳定流公式。其假设条件是含水层为均质、等厚、各向同性、呈水平无限分布；无垂向补给；地下水呈层流运动；初始静止水位为水平的；抽水井孔径视为无限小[4]。
				2)	以地下水弹性动态理论与热传导理论的相似性为基础，导出的承压含水层中地下水流向井的平面非稳定流运动公式。其假定条件是：①含水层为均质、等厚、各向同性、水平、无限分布；②无水平和垂向补给；③地下水呈层流运动、平面运动；④地下水的初始水力坡度为零；⑤抽水井孔径视为无限小[1,3]。
899	泰斯曲线	地下水动力学	Theis curve	泰斯曲线 Theis curve	指以泰斯命名的求解无补给的承压完整井非稳定流的抽水 $W(u)$–$1/u$ 的标准曲线。
				1)	无补给的承压水完整井定流量非稳定流计算公式[5]。
900	弹性储存量	水文地质基础	elastic storage	弹性储存量 elastic storage	指承压含水层的测压水头下降 1m 时释放的地下水量，量纲为[L^3]。
				1)	在承压含水层中，通过开采减压能释放出来的水量称为"弹性储存量"[2]。
				2)	大于常压条件下，储存于含水层中的重力水体积。当水头压力降低时，这一部分水量可以从含水层中释放出来[4]。
				3)	是承压水层或弱透水层，由于水头降低（引起岩层压缩和水的膨胀）而释出的水量[1,3]。
901	弹性给水度	参数	coefficient of storage; storativity	弹性给水度 coefficient of storage; storativity	又称弹性释水系数。指承压含水层测压水头上升或下降一个单位时，单位体积含水层中注入或释放的水量。
				1)	水头下降一个单位时，从单位面积含水层全部厚度的柱体中，由于水的膨胀和岩层的压缩而释放出的水量；或者水头上升一个单位时，其所储入的水量[1,3]。
902	弹性容量系数	参数	elastic capacity coefficient	弹性容量系数 elastic capacity coefficient	指单位体积承压含水层测压水头降低一个单位时所释放的水体积。
				1)	指测压水头降低一个大气压时，单位体积承压含水层，由于含水层骨架和孔隙的弹性压缩和水体积的弹性膨胀而释放的重力水体积[1,3]。
903	碳酸平衡	水化学-水文地球化学	carbonate balance	碳酸平衡 carbonate balance	指不同 pH 条件下气态二氧化碳溶解于水中平衡后，水中各组分的比例关系。
				1)	碳酸盐平衡是指水中的碳酸化合物之间及其与气相中二氧化碳的化学平衡关系[20]。
904	碳酸盐岩	基础地质	carbonate rock	碳酸盐岩 carbonate rock	
				1)	一种碳酸盐类矿物含量超过 50%的沉积岩[1]。
905	腾发或蒸散发	地下水动力学	evaporation	腾发或蒸散发 evaporation	
				1)	蒸发与蒸腾的合称[5]。

906	体积守恒	地下水资源	volume conservation	体积守恒 volume conservation	指在同一时段内含水层单元体中地下水的流入与流出的体积相等的客观现象。
				1）	在同一时间内，流入单元体的水体积等于流出的水体积[5]。
907	天然补给量	地下水资源	natural recharge	天然补给量 natural recharge	指在一定时间内含水层获得的自然补给的水量总和。
				1）	天然条件下在含水层或含水带中循环流动的地下水量[2]。
908	天然储量	地下水资源	natural reserve	天然储量 natural reserve	指天然状态下一定时期内含水层内所有水量的总和，数值上等于静储量和这段时间获得的补给量之和。
				1）	它表示天然状态下含水层中未经取水设备扰动的地下水总量。包括静储量、调节储量和动储量[2]。
909	天然排泄减少量	水文地质基础	reduced natural discharge	天然排泄减少量 reduced natural discharge	指均衡期内由开采引起的泉水减量或地下水向均衡区外的缩减流量。
				1）	在均衡单元内部被开采降深场截获而不再转向天然消耗的那一部分天然排泄量[2]。
910	填充裂隙	基础地质	filled opening	填充裂隙 filled opening	指部分或全部空隙被填充的一类裂隙。
				1）	含矿溶液在化学性质不甚活泼的围岩裂隙中运动时，主要因温度和压力的变化，以及矿化剂的散失等，使成矿物质在围岩的裂隙和空洞中发生沉淀的作用[1]。
911	填砾井	工程类	artificial-gravel-pack well	填砾井 artificial-gravel-pack well	指在井或钻孔中取水过滤器周围与原地质体之间装填有一定粒径砾石的一类井。
				1）	过滤器周围填砾的井[5]。
912	调节储量	地下水资源	regulation reserve	调节储量 regulation reserve	指在一个水文年内含水层多年平均低水位与多年平均高水位之间的水量，量纲为[L³]。
				1）	在多年最低水位以上地下水位变动带内的地下水量，单位为[m³][1,3]。
				2）	指存在于地下水位年变动带（即年最高水位与最低水位之间）内的含水层中重力水的体积，亦即疏干该带时所获得的地下水量[2]。
				3）	地下水位年变动带内重力水的体积[10]。
				4）	在潜水含水层水位变动带内的容积储存量[4]。
913	通过粒径	水文地质基础	passable grain size	通过粒径 passable grain size	指滤料层允许通过砂粒的最大粒径。
				1）	滤料孔隙中形成的内切球体直径即为滤料的"通过粒径"，所谓"通过粒径"即是滤料层允许通过砂粒的最大粒径[10]。
914	同离子效应	水化学-水文地球化学	common ion effect	同离子效应 common ion effect	指一种矿物溶解于水溶液中时，若水溶液中含有与矿物溶解后相同的离子，则这种矿物的溶解度会降低的现象。
				1）	当通过水溶液中加入相关易溶盐类而使溶液中

的 HCO_3^- 或 Ca^{2+} 浓度增加时,溶液与方解石平衡的 Ca^{2+} 浓度也会相应改变,这种现象称为同离子现象[9]。

915	同生阶段	水文地质基础	syngenetic stage	同生阶段 syngenetic stage	指自沉积物形成至该沉积物中的水被挤压出的这一时间段。
				1)	指的是沉积物的沉积初期在表层(10~15cm)发生的一些变化,此阶段主要是伴随水盆地沉积作用形成沉积作用水[2]。
916	同位素	同位素	isotope	同位素 isotope	指质子数相同中子数不同的原子,互称同位素。
				1)	原子序数相同,而原子质量不同的元素。它们在周期表上占有同一位置。同位素分为稳定同位素和放射性同位素[1]。
917	同位素比值	同位素	isotope ratio	同位素比值 isotope ratio	
				1)	某元素中各同位素丰度之比,如 $^{12}C/^{13}C$、$^{16}O/^{18}O$、$^{32}S/^{34}S$ 等[1]。
				2)	同位素比值(R)是指样品(物质)中某元素的重同位素与常见轻同位素含量(或丰度)之比[9]。
918	同位素分馏	同位素	isotope fractionation	同位素分馏 isotope fractionation	指在地下水含水层系统中,某元素的同位素以不同比值分配到两种物质或物相中的现象。
				1)	在一系统中,某元素的同位素以不同比值分配于两种物质或物相中的现象[4]。
919	同位素丰度	同位素	isotope abundance	同位素丰度 isotope abundance	
				1)	某同位素在该元素中所占的原子百分比[1]。
				2)	某元素的各种同位素在给定的范畴,如宇宙、大气圈、水圈、岩石圈、生物圈中的相对含量称为同位素丰度[9]。
920	同位素交换反应	同位素	isotope exchange reaction	同位素交换反应 isotope exchange reaction	
				1)	指在同一体系中,物质的化学成分不发生改变(化学反应处于平衡状态),在不同化合物之间、不同的物相之间或单个分子之间发生同位素置换或重新分配的现象[9]。
				2)	在不发生一般的化学变化(即反应前后的化学组分及其浓度完全相同)和物理变化的情况下,使不同化合物或不同相的分子间发生同位素分布变化的反应[1]。
921	同位素平衡分馏	同位素	isotopic fractionation	同位素平衡分馏 isotopic fractionation	指地下水体系处于某同位素平衡状态时同位素各组分之间在两种物质或物相中的分馏。
				1)	把体系处于同位素平衡状态时,同位素在两种物质或物相中的分馏称为同位素平衡分馏[9]。
922	统计检验	数理	statistical test	统计检验 statistical test	
				1)	指先假设总体具有某种统计特性(如具有某种参数,或遵从某种分布等),然后再检验这个假设是否可信

的方法[8]。

923	透明度	参数	transparency	透明度 transparency	指水清澈程度的指标。测量方法是用直径为 30cm 的白色圆板，在阳光不能直接照射的地方垂直沉入水中，直至看不见的深度。
924	透水层	水文地质基础	permeable layer	透水层 permeable layer	指在重力作用或应力作用下，地下水可透过的地质体。
			1)		重力水流能够透过的土层或岩层[3]。
			2)		能透过水但给出水量微弱（与含水层相比）的岩层[10]。
925	突水	工程类	gush out	突水 gush out	指地下工程建设过程中揭穿隔水层后地下水向作业区的排水量突然增加的现象。
			1)		在硐室、巷道施工过程中，穿过溶洞发育的地段，尤其是遇到地下暗河系统，厚层含水沙砾石层，以及与地表水连通的较大断裂破碎带等时所发生的突然大量涌水现象[1]。
926	突水点	工程类	water bursting point	突水点 water bursting point	指发生突水现象的位置。
			1)		井巷中发生突水的部位[4]。
927	突水水源	工程类	source of water bursting	突水水源 source of water bursting	指能够造成突水事件的水体总称。分为地下水源和地表水源。
			1)		井巷内产生突水的水体来源[4]。
928	突水系数	参数	water bursting coefficient	突水系数 water bursting coefficient	
			1)		隔水层承受的静水压力与其厚度的比值[4]。
929	突涌	工程类	inrushing	突涌 inrushing	指上覆不透水层压力小于承压水水头时承压水涌出的现象。
			1)		当基坑下有承压含水层存在时，开挖基坑减少了含水层上覆不透水层的厚度，当它减少到一定程度，与承压水的水头压力不能平衡时能顶裂或冲毁基坑底板，造成突涌[10]。
930	土的淋溶试验	技术方法	soil leaching test	土的淋溶试验 soil leaching test	指用不同水源淋洗土样以获得土壤中组分进入水中的工作及成果。
			1)		主要是研究污染物在土中的存在形式，以及污染物在渗透过程中的自净规律，土的净化和吸附、解吸能力[19]。
931	土壤饱和差	参数	saturation deficit	土壤饱和差 saturation deficit	又称饱和差。指土层或岩层的最大含水率与实际含水率的差值。
			1)		土层或岩层的容水度与天然湿度之差。数值上在粗颗粒及宽裂隙岩石中接近于土或岩石的给水度[4]。
			2)		土层或岩层的饱和水溶度与天然湿度之差[1,3]。
932	土壤淋滤实验	技术方法	leaching experiments of soil	土壤淋滤实验 leaching experiments of soil	指对原状土或扰动土进行一定时间一定水量的喷淋，以测定土壤中组分的迁移能力和迁移系数的工作及成果。
933	土壤淋滤液分析	水化学-水文地球化学	soil leachate analysis	土壤淋滤液分析 soil leachate analysis	指对土壤淋滤液进行化学分析的相关工作。
			1)		水通过土壤后自然流出的重力水溶液的化学成分

				测定[4]。
934	土壤水	水文地质基础	soil water	土壤水 soil water	指赋存于土壤中的所有水分的总称。
			1）	包气带表层土壤层中的毛细管水和结合水[3]。
935	土壤水势	水文地质基础	soil water potential	土壤水势 soil water potential	
			1）	指单位数量的水所具有的能量与其在参照状态下所具有的能量差[11]。
936	土壤盐碱化临界深度	水化学-水文地球化学	critical depth of soil salinization	土壤盐碱化临界深度 critical depth of soil salinization	
			1）	指引起土壤盐碱化的潜水面埋藏深度[1,3]。
937	脱硫酸作用	水化学-水文地球化学	desulphurization	脱硫酸作用 desulphurization	指自然条件下，地下水中硫酸根以各种方式离开该水系统的水文地球化学过程。
			1）	在还原环境中，当有有机质存在时，脱硫酸细菌促使 SO_4^{2-} 还原为 H_2S，结果使得地下水中 SO_4^{2-} 减少以至消失，同时 HCO_3^- 增大，pH 变大[11]。
			2）	在封闭缺氧的还原环境中，硫酸盐受有机物和脱硫菌作用，被分解形成 H_2S 和 HCO_3^- 的生物化学过程[4]。
			3）	在封闭缺氧还原环境中，有机物和脱硫细菌作用下，SO_4^{2-} 被分解还原成 H_2S 和 HCO_3^- 的生物化学过程。其反应式为：$SO_4^{2-} + 2C + 2H_2O \rightarrow H_2S\uparrow + 2HCO_3^-$ 在地下深处封闭缺氧并有有机物存在的水（如某些油田、水），很少含有 SO_4^{2-} 而 H_2S 和 HCO_3^- 含量较高，是脱硫酸作用的结果[1,3]。
938	脱碳酸作用	水化学-水文地球化学	decarbonation	脱碳酸作用 decarbonation	指天然条件下，地下水中的各种碳酸盐组分脱离该水系统的水文地球化学过程。
			1）	水中 CO_2 的溶解度随温度升高及（或）压力降低而减小，升温（或）降压时，一部分 CO_2 便成为游离 CO_2 从水中逸出，这便是脱碳酸作用[11]。
			2）	在温度升高，压力降低的情况下，CO_2 自水中逸出，而 HCO_3^- 含量则因形成碳酸盐沉淀减少的过程[4]。

W

939	完整井	工程类	fully penetrating well	完整井 fully penetrating well	指揭穿含水层且全断面出水的井或钻孔。
			1）	贯穿整个含水层，在全部含水层厚度上都安装有过滤器，并能全面进水的井[5]。
			2）	进水部分揭穿整个含水层的井[4]。
			3）	井的进水部分穿过整个含水层的井[1,3]。
940	危害性评价	预测评价类	hazard assessment	危害性评价 hazard assessment	指确定给定污染物对健康损害程度的相关工作及成果。
			1）	对指定污染物给健康造成损害的可能性进行研究[10]。
941	微量组分	水化学-水文地球化学	minor constituent	微量组分 minor constituent	指地下水中含量在 0.01～10.0mg/L 的各种组分的总称。

					指在地下水中出现较少、分布局限和含量较低的化学元素和化合物。在地下水中的含量为 $0.01 \sim 10.0 \text{mg/L}$[9]。
942	纬度效应	同位素	latitude effect	纬度效应 latitude effect	
				1)	大气降水的 $\delta^2 H$ 和 $\delta^{18} O$ 值随着纬度的升高而减小的现象[9]。
943	温度	水化学-水文地球化学	temperature	温度 temperature	指用温度计测量一个物体的热的程度或冷的程度的度量值。
944	温度效应	同位素	effect of temperature	温度效应 effect of temperature	
				1)	大气降水的 $\delta^2 H$ 和 $\delta^{18} O$ 值与地面年平均气温往往呈线性关系，温度升高，δ 值增大；温度降低，δ 值减小，这种效应为温度效应[9]。
945	紊流	地下水动力学	turbulent flow	紊流 turbulent flow	指水体流动过程中，流体质点混杂运动迹线不规律的一种流动状态。
				1)	地下水的流束（流层）相互混杂的不规则的流动称为紊流[10]。
				2)	流体的一种流动状态，紊流时流体质点彼此混杂相撞，运动迹线极不规则。紊流运动时水力坡度与流速的平方成正比[3]。
946	紊流定律	地下水动力学	law of turbulent flow	紊流定律 law of turbulent flow	指地下水流量与水力坡度的 $1/2$ 次方成正比的客观现象。
				1)	又称克拉斯诺波尔斯基定律。一成是指地下水的渗透速度与水力坡度的 $1/2$ 次方成正比的关系式为 $V = K_t J^{1/2}$。式中，V 为地下水渗透速度；J 为地下水水力坡度；K_t 为紊流运动时岩石的渗透系数[3]。
947	稳定流	地下水动力学	steady flow	稳定流 steady flow	指流向垂直于井轴向，渗透速度和水头不随抽水时间改变的一种地下水流向抽水井的形式。
				1)	在一定的观测时间内，水头、渗流速度等渗透要素不随时间变化的地下水运动[4]。
				2)	凡运动的基本要素（如压强 p、速度 v 等）的大小和方向不随时间变化的地下水运动称为地下水稳定流运动[10]。
948	稳定流抽水试验	技术方法	pumping test of steady flow	稳定流抽水试验 pumping test of steady flow	指流量和水头均不随时间发生改变的一种抽水试验。
				1)	在抽水过程中，要求抽水流量和水位同时相对稳定，并有一定延续时间的抽水试验[4]。
				2)	稳定流抽水试验要求在一定持续的时间内流量和水位同时相对稳定（即不超过一定的允许波动范围），可进行 $1 \sim 3$ 个落程的抽水，抽水后还要对水位恢复情况进行观测和记录，稳定流抽水试验主要用于计算含水层的渗透系数[1,3]。
949	稳定水位	地下水动力学	steady water table（level）	稳定水位 steady water table（level）	指抽水试验中井水位不随时间变化的水位。
				1)	不随时间而变化的水位[1,3]。
				2)	指变化很小的且无系统上升或下降趋势的地下水位[4]。

950	稳定蒸发状态	地下水动力学	steady steaming state	稳定蒸发状态 steady steaming state	指在环境条件稳定时单位面积地表蒸发量不随时间变化的一种状态。
				1)	当外部条件不变，土壤水分蒸发量和地下水补给非饱和带的水量相平衡时的状态[5]。
951	污染物	地下水与环境	contaminate	污染物 contaminate	指人类活动引起地下水水质变差的各种组分的总称。
				1)	又称地下水污染物，不论溶解在地下水中，还是以单独液相出现的组分，当它们危及地下水作为一种资源来应用（饮用、工业用、农业用、市政用）时，这些组分就称为污染物[5]。
				2)	凡能引起地下水污染的物质[4]。
				3)	能造成环境污染的物质。污染物大多系人们在生产、生活活动中排入大气、水、土壤中的，易于在环境中扩散，积累并对环境的正常组成和性质发生直接或间接有害于人类的变化的物质[1]。
952	污染晕	地下水与环境	pollution plumes	污染晕 pollution plumes	指污染物在含水层中的空间分布形态。
				1)	当缺乏有效的衬砌系统时，垃圾填埋场淋滤液将渗漏进入周围的地质环境中，形成污染分布区[9]。
953	无限边界	地下水动力学	infinite bound	无限边界 infinite bound	指在抽水过程中水位降低影响到的边界远远小于含水层的物理边界的一类边界。
				1)	含水层分布很广，但无外界固定的补给源，边界水头靠含水层水位大面积降低后储存量的释放转化而获得，实质上也属变水头边界[2]。
954	无限含水层	地下水动力学	infinite aquifer	无限含水层 infinite aquifer	指开采井或试验井在运行期内产生的降落漏斗区域远远未达到含水层物理边界的一类含水层。
				1)	抽水井或井群的降落漏斗在平面上可自由地向外扩散，而不受含水层实际边界影响的含水层[1,3]。
955	无压含水层	水文地质基础	unconfined aquifer	无压含水层 unconfined aquifer	指含水层中地下水面的压力仅为大气压的一类含水层。
				1)	凡是含水层中水表面的压力等于一个大气压力，即具有自由水面的含水层称为无压含水层[2]。
				2)	具有自由水面的含水层[4]。
956	物理化学弥散	地下水动力学	physicochemical dispersion	物理化学弥散 physicochemical dispersion	指某种组分进入地下水后，由于浓度或化学反应导致该组分质点发生位移的现象。
				1)	指的是分子扩散作用，它是由化学势梯度引起的[2]。
957	物理模型	模型模式	physical model	物理模型 physical model	指按相似原理构建的与地下水流动要素相关的实体模型。
				1)	研究地下水渗流的实验方法和手段。它是一种与原型物理过程相同，或者与描述原型物理现象的数学方程相同的模型。前者为实体模型，主要有砂槽；后者包括薄膜模型、隙缝槽模型、水电比拟模型、电阻网络模型和阻容网络模型等[1,3]。
958	物理模型法	技术方法	physical model method	物理模型法 physical model method	指通过相似材料按比例缩小的实体模型来研究某类含水层水文地质要素之间的关系或规律的过程及结果。
				1)	一般指研究地下水渗流的室内试验和物理模拟的方

					法。它是一种与原型物理过程相同，或与描述原型物理现象的数理方程相同的模拟方法。前一种方法采用实体模型，后一种方法采用薄膜模型、隙缝槽和电模拟模型等[4]。
959	物理吸附作用	水化学-水文地球化学	physical adsorption	物理吸附作用 physical adsorption	指分子间作用力或颗粒电荷对水中某些组分产生吸附的现象。
				1)	是由于分子间作用力，即范德瓦耳斯力所产生。其原因是固体颗粒表面电荷的不均衡，往往使其带电荷，从而吸附溶液中相反电荷的离子[10]。
				2)	在孔隙介质中，由于岩石颗粒具有表面能，可以吸附水中的阳离子，特别是高度分散的黏性土颗粒，表面能很大，可以吸附大量的离子。此外，还会发生阳离子交换作用，使水中某些离子减少，而另一些离子增加[10]。
960	物质的量浓度	水化学-水文地球化学	molarity concentration	物质的量浓度 molarity concentration	指每升溶液中含有的某组分的物质的量。
				1)	以每升溶液中所含溶质的物质的量来表示[9]。
				2)	每升溶液中溶质的物质的量，也叫物质的量浓度，旧名容量克分子浓度[5]。
X					
961	吸附法	技术方法	adsorption method	吸附法 adsorption method	指利用粒状物体内部或表面的空隙空间、表面张力或静电荷力等物理作用去除地下水中污染物的过程及结果。
				1)	指利用物质强大的吸附性能来去除地下水中污染物的技术[10]。
962	吸附剂	水化学-水文地球化学	adsorbent	吸附剂 adsorbent	指能吸附地下水中某种组分的固态物质。
				1)	把吸附溶液中溶解离子的固体物质称为吸附剂[9]。
				2)	所有固体的表面都有这种吸着性能，表面积大的固体，吸附容量较大，通常叫吸附剂，如硅胶、活性炭以及天然或人工合成的铝硅酸盐[1]。
963	吸附解吸	水化学-水文地球化学	adsorb-desorption	吸附解吸 adsorb-desorption	指吸附剂表面吸附的组分再次回到地下水中的过程。
				1)	吸附是指水中的溶质通过表面作用附着到固体表面上的过程，解吸是吸附的反过程[9]。
964	吸附量	参数	adsorption capacity	吸附量 adsorption capacity	指吸附作用达到平衡时吸附剂增加的质量。
				1)	表示吸附剂的吸附能力可用吸附量表示。吸附量定义为：在一定的条件下吸附达到平衡后，单位质量吸附剂所吸附的吸附质的物质的量。表示为 $G = n/m$。式中，G 为吸附量；n 为吸附质的物质的量；m 为吸附剂质量[10]。
965	吸附现象	水化学-水文地球化学	adsorption phenomena	吸附现象 adsorption phenomena	指一物质被另一固相物质的物理作用方式所吸引并不脱离其表面的状态。
				1)	气体和液体中的物质在固体表面均有吸附现象，即吸附是固体表面反应的一种普遍现象[10]。

966	吸附质	水化学-水文地球化学	adsorbate	吸附质 adsorbate	指被吸附在吸附剂表面的组分。
				1)	被吸附剂所吸附的溶解离子称为吸附质[9]。
967	吸附作用	水化学-水文地球化学	adsorption	吸附作用 adsorption	指地下水中组分附着到含水层骨架表面上或孔隙中的现象。
				1)	溶解性污染物从地下水中分离出来并黏附到组成含水介质的颗粒上的过程[10]。
				2)	污染物在含水层中运移时，由于介质的吸附，使某些污染物数量减少。属于这方面的作用有机械过滤作用、物理吸附作用、化学吸附作用、生物吸附作用[10]。
968	吸着水	水文地质基础	hydroscopic water	吸着水 hydroscopic water	指吸附在固体颗粒表面且具有剪切力的那部分水。
				1)	又称强结合水，吸着水是紧附于土颗粒表面结合最牢固的一层水[3]。
969	系统聚类分析法	技术方法	hierarchical clustering method	系统聚类分析法 hierarchical clustering method	指利用数学方法将样品或变量归并为若干不同类别，使得每一类别内的所有个体之间具有较密切的关系，且各类别之间的关系相对疏远的分析过程及结果。
				1)	指利用一定的数学方法将样品或变量（所分析的项目）归并为若干不同的类别（以分类树形图表示），使得每一类别内的所有个体之间具有较密切的关系，而各类别之间的相互关系相对地比较疏远[10]。
970	系统误差	数理	system error; systematic error	系统误差 system error; systematic error	指由于测试仪器精度或方法自身的缺陷导致测量值与真值之间的差异。
				1)	由于仪器结构的不良或周围环境的改变造成的误差[8]。
971	隙缝槽模拟	模型模式	parallel-plate analog	隙缝槽模拟 parallel-plate analog	又称窄缝模型。指采用两块平行板间可调节的裂隙装置观测裂隙水运动特征的过程及成果。
				1)	又称平行板模拟、黏滞流模拟。利用两块平行板狭窄隙缝中黏滞液体（甘油、水、油等）的流动，模拟孔隙介质中的渗流[1,3]。
				2)	以两块平行板狭窄隙缝中黏滞流体的流动与孔隙介质中地下水渗流相似的原理为基础的模拟实验方法[4]。
972	下降泉	水文地质基础	descending spring	下降泉 descending spring	指在重力作用下出露地表的地下水露头。
				1)	非承压水的天然露头，是地下水受重力作用自由流出地表而形成的泉[3]。
973	现代渗入成因的低温地下水	水文地质基础	low-temperature groundwater of modern infiltration origin	现代渗入成因的低温地下水 low-temperature groundwater of modern infiltration origin	指由现代大气降水入渗形成的温度低于 60℃ 的地下水。
				1)	现代渗入成因的低温地下水是相对于古地下水和地下热水而言，它指的是在现代气候条件下，由大气降水入渗而形成的温度低于 60℃ 的地下水[9]。

974	线性规划法	技术方法	linear programming method	线性规划法 linear programming method	指用线性方程组为目标函数和条件方程组对一地区地下水开采管理的过程及成果。
				1)	指在建立地下水资源管理模型时，目标函数与全部约束条件均为线性的一种优化方法[4]。
975	线性渗透定律	地下水动力学	linear seepage law	线性渗透定律 linear seepage law	又称线性渗流定律或达西定律。指多孔介质中渗透流速与水力梯度的一次方成正比的客观规律。
				1)	渗透流速与水力梯度的一次方成正比，即线性渗透定律[11]。
				2)	流体在多孔介质中遵循渗透速度（V）与水力坡度（J）呈线性关系的运动定律，即 $V=KJ$。式中，K 为渗透系数[4]。
				3)	在均质各向同性多孔介质中，一维渗透水流的流量与垂直水流方向的整个横断面面积、水头差成正比，与渗透路程长度成反比。
976	相关分析法	技术方法	method of correlation analysis	相关分析法 method of correlation analysis	指确定某因变量和自变量之间有某种数学规律的一种数学分析过程及成果。
				1)	用统计数学中相关分析原理进行地下水资源评价的方法。在分析多年开采资料的基础上，找出开采量和水位降之间的近似关系，并据此外推设计降深时的开采量[1,3]。
				2)	又称回归分析法，利用数理统计学方法，分析地下水开采量与水位降深、降水量等影响因素的相关分析，建立相应的回归方程，并据此下推开采条件下（给定水位降深或其他影响因素值）水源地的可开采量[4]。
977	相态	水化学-水文地球化学	phase	相态 phase	指系统中物质成分相同，物理性质和化学性质明显可以分离的部分。
				1)	通常定义为系统中物质成分相同、物理性质明显且机械可以分离的部分[10]。
978	相态配分	水化学-水文地球化学	phase speciation	相态配分 phase speciation	指系统中两种或两种以上相态间的比例关系。
				1)	指组分在两种或者两种以上相态间的分配[10]。
979	向斜构造	基础地质	syncline structure	向斜构造 syncline structure	指中心部位为较新岩层，两侧部位岩层依次变老的弯曲岩层。
				1)	指岩层向下弯曲，中心部分是较新岩层，两侧部分岩层依次对称变老[7]。
				1)	就是能够富集和储藏地下水的向斜构造或构造盆地[2]。
980	硝化作用	水化学-水文地球化学	nitrification	硝化作用 nitrification	指在 Eh 较高或富氧的环境中硝化细菌作用导致 NH_3 或 NH_4^+ 转化为 NO_3^- 或 NO_2^- 的过程。
				1)	在有硝化细菌存在的情况下，NH_4^+ 进一步转变 NO_3-N，这一转变称为硝化作用[2]。
				2)	是指在有氧环境下，NH_4^+ 通过氧化作用转化为硝酸根（NO_3^-），这时 N 从负三价变为正五价[9]。
				3)	有机质分解产生的铵，在硝化菌作用下，使铵氧化

					生成亚硝酸盐和硝酸盐的过程[4]。
981	泄流	水文地质基础	discharge	泄流 discharge	即地下水排泄。指地下水流出含水层的各种方式的总称，如人工排泄、天然排泄。
				1）	地下水补给地表水体的方式[11]。
982	修正降深	地下水动力学	fixed drawdown	修正降深 fixed drawdown	指在抽水试验中，在含水层出水水头与降深具有明显差异并可导致渗透系数计算或抽水试验方法失效的情况下，根据数学方法校正计算获得的降深。
				1）	当含水层很厚而降深较小时，潜水含水层可近似地按承压含水层来处理[5]。
983	虚井	地下水动力学	image well	虚井 image well	指当含水层边界为直线时，在边界对侧以镜像方式构造的一种假设的方便理论计算的井。
				1）	物体和虚像的位置对镜子是对称的，形状是相同的。为此，把直线边界想象成一面镜子，若边界附近存在着工作的真实的井，相应地在边界的另一侧会映出一口虚构的井称为虚井[5]。
984	蓄水构造	水文地质基础	water-storing structure	蓄水构造 water-storing structure	指能获得外界补给又能储存地下水的地质构造。
				1）	透水层与隔水层相互结合而构成的能够富集和储藏地下水的地质构造[2]。
				2）	又称储水构造，富集地下水的地质构造形式[4]。
985	悬挂毛细水	水文地质基础	suspended capillary water	悬挂毛细水 suspended capillary water	指与地下水位相关联的毛细上升带形成后，在地下水位下降过程中导致毛细上升带的毛细水来不及排除，形成与地下水面不连续的毛细带现象。该不连续面之上的这部分毛细水称为悬挂毛细水。
				1）	细粒粗粒交互成层，地下水位下降时，细粒层中的毛细水并不随着下降，而在上细下粗的界面以上保持一定高度的毛细水带，称为悬挂毛细水[11]。
				2）	当水分继续增多时，触点水环彼此连接，甚至充满孔隙，把空气排除，或仅留有封闭气泡，这时的毛细水柱由上下两个曲率不同的弯液面支持着，而且上端弯液面的曲率半径应小于下端。则下端的表面压力大于上端，从而支持住一定高度的水柱，形成与地下水面无联系的悬挂毛细水[2]。
986	悬挂泉	水文地质基础	suspended spring	悬挂泉 suspended spring	指上层滞水的天然露头。也指地貌上高出当地侵蚀基准面的地下水露头。
				1）	由上层滞水补给。属季节性出露的泉水[1,3]。
				2）	由上层滞水补给，在当地侵蚀基准面以上出露的泉水[4]。
Y					
987	压力传导系数（导压系数，水力扩散系数）	参数	hydraulic diffusivity; coefficient of pressure conductivity	压力传导系数（导压系数，水力扩散系数）hydraulic diffusivity; coefficient of pressure conductivity	指承压含水层中导水系数与储水系数的比值，量纲为$[L^2/T]$。
				1）	承压水是由下式定义的：$a = T/S$。式中，a 为压力传导系数，单位为$[m^2/d]$；S 为储水系数[2]。

				2）	又称水力扩散系数。表征承压含水层水头变化传递速度的参数。其值为导水系数与储水系数的比值，量纲为[L²/T][4]。
				3）	又称水力扩散系数，为导水系数与释水系数之比。它表征在弹性动态条件下承压含水层中水头传递速度的参数。压力传导系数 $a = T/S$（T 为导水系数；S 为释水系数）。量纲为[L²/T][1,3]。
988	压力势	地下水动力学	pressure potential	压力势 pressure potential	指以大气压力作为参考基准的势能差，一般潜水面处压力势为零。
				1）	相对于大气压力（参照零点）所存在的势能差[11]。
989	压力水头	地下水动力学	pressure head	压力水头 pressure head	指给定基准线的含水层中任意一点的水头是基准线的水体厚度与势能差之和，量纲为[L]。
				1）	含水层中某点的压力水头（h）指以水柱高度表示的该点水的压强，量纲为[L]，即 $h = p/\gamma$。式中，p 为该点水的压强；γ 为水的密度[4]。
				2）	作用在单位面积上的压力 p 与流体单位体积重量 γ 的比值（p/γ）。又可理解为密度为 γ 的单位重量水所具有的压力势能[1,3]。
990	压性断层	基础地质		压性断层	指断层面上下盘接受压力的断层。
991	延迟给水效应	地下水动力学	effect of delayed gravity drainage	延迟给水效应 effect of delayed gravity drainage	指抽水引起潜水含水层不连续出水的现象。
				1）	在潜水含水层中抽水后，重力给水的延迟现象[1,3]。
992	延迟指数	地下水动力学	delay index	延迟指数 delay index	指潜水含水层抽水延迟与降深不匹配的一个时间尺度指标，量纲为[T⁻¹]。
				1）	表征潜水含水层延迟给水效应影响持续时间的指标。一般来说，延迟指数 $1/a$ 随重力给水介质的粒度的减小而增大，延迟给水效应影响的持续时间延长[4]。
				2）	表示潜水含水层延迟给水对水位降深影响持续时间的一个指标。量纲为[T⁻¹][1,3]。
993	岩浆水	水文地质基础	magma water	岩浆水 magma water	指岩浆冷凝过程中分异出来的水。
				1）	指在高温高压的热力条件下，岩浆岩和变质岩在成岩过程中释放出来的水称为岩浆水和再生水。它包括岩浆中的水和变质带以及重熔-再熔化混浆中的水，前者称岩浆水，后者称再生水[2]。
994	岩脉	基础地质	dike；dyke	岩脉 dike；dyke	
				1）	又称岩墙。为充填在岩石裂隙中的板状岩体，横切岩层，与层理斜交，属于不整合侵入体的一种[1]。
995	岩脉裂隙含水带	水文地质基础	fractured water-bearing zone of rock veins	岩脉裂隙含水带 fractured water-bearing zone of rock veins	指存在于早期岩体或地层中的岩脉裂隙中的水构成的带状区域。
				1）	火山岩地区，常有次火山岩呈脉状穿插于早期喷发的火山岩层中，加之构造变动的影响而产生裂隙，形成岩脉裂隙含水带[2]。

996	岩溶地貌	基础地质	karst landform	岩溶地貌 karst landform	指岩溶作用产生的地表及地下溶洞形态的总和。
				1）	由岩溶作用产生的各种地貌现象。如石芽、溶沟、溶斗、峰林、溶洞等[1]。
999	岩溶地下水系	水文地质基础	underground river system in karst region	岩溶地下水系 underground river system in karst region	指具有水力联系的岩溶水区域。
				1）	又称岩溶地下河系，为具有一定汇水范围的、由主流及各级支流构成的岩溶地下水流[1,3]。
998	岩溶多潮泉	水文地质基础	karstic pulsating spring	岩溶多潮泉 karstic pulsating spring	指溶蚀管道类似虹吸管作用导致储水空间水位高于溶蚀管道最高处时发生虹吸现象形成的地下水露头。
				1）	在岩溶通道中，由于虹吸管作用，具有一定规律的周期性出流的岩溶泉，称为岩溶多潮泉[1,3]。
999	岩溶发育阶段	水文地质基础	development stage of karst	岩溶发育阶段 development stage of karst	指岩溶地貌的孕育、发展和消失的时间分期。一般分为幼年期、中年期和老年期。
				1）	岩溶地貌发育过程，在地壳上升的情况下，经历幼年、青年、中年而达老年期，这样的发展序列称为岩溶发育的阶段性[1]。
1000	岩溶含水地块	水文地质基础	water bearing karst massif	岩溶含水地块 water bearing karst massif	指相对独立的岩溶水分布区域。尤指褶皱或断裂构造导致的独立的可溶性岩石分布范围。
				1）	被自然边界分割成的相对封闭或半封闭的、具有独立水循环特点的可溶岩赋水地块[1,3]。
1001	岩溶介质	水文地质基础	karst medium	岩溶介质 karst medium	指可以发生溶蚀现象的地质体总称。
				1）	赋存流体且流体可在其中运动的岩溶化岩层[4]。
1002	岩溶率	参数	karst ratio; karst percentage	岩溶率 karst ratio; karst percentage	指可溶岩已溶蚀的体积与总体积之比。可分为线、面积和体积岩溶率三种。
				1）	又称喀斯特率，是反映石灰岩区在一定地段内岩溶发育程度的指标。根据统计方法不同，岩溶率可分为线、面积和体积岩溶率三种[1,3]。
1003	岩溶泉	水文地质基础	karstic spring	岩溶泉 karstic spring	指岩溶地下水的天然露头。
				1）	岩溶水向地表流出的天然露头[1]。
				2）	岩溶水流出地表面而形成的泉水[1,3]。
1004	岩溶水	水文地质基础	karst water	岩溶水 karst water	又称喀斯特水。指赋存于岩溶介质空隙中的地下水。
				1）	是存在于可溶性岩层的溶蚀空隙（如溶洞、溶隙、溶孔等）中的地下水[1,3]。
				2）	赋存于岩溶化岩体中的地下水的总称[4]。
1005	岩溶水动力垂直分布带	水文地质基础	vertical hydrodynamic zonality of karst water	岩溶水动力垂直分布带 vertical hydrodynamic zonality of karst water	指根据大气降水入渗方式、地下水流动方向和速度三属性关系对岩溶区地下水流动区进行归类的结果。
				1）	在垂直剖面上自上而下可以划分为：包气带或垂直

				循环带，季节变动带，饱水带或水平循环带，虹吸管循环带[1,3]。
1006	岩溶水文地质条件	水文地质基础	karst-hydrogeological condition	岩溶水文地质条件 karst-hydrogeological condition	指岩溶的形成、补给、运移和演化的所有外部条件的总称。可分为水文（气候）条件、地形（地貌）条件和地质条件。
				1)	可溶岩地区的地表水、地下水、地层、构造及地形、地貌相互联系的总称。包括地下水与地表水的相互关系与转换，地下水化学成分的形成、富集、迁移及水量动态平衡与交替变化规律，洞穴系统与岩溶地下水的运动关系，地下水综合利用与开发，地下水源污染、水源枯竭条件等[1,3]。
1007	岩溶水文地质学	水文地质基础	karst hydrogeology	岩溶水文地质学 karst hydrogeology	指研究岩溶水的水量、水质及其形成、流动与变化规律的一门学科。
				1)	研究内容与岩溶水文学相近的学科。从地质学角度研究岩溶地区地下水的形成、赋存、分布和运动规律及其水资源评价和勘查、开发治理方法[1]。
1008	岩溶水系统	水文地质基础	karst water system	岩溶水系统 karst water system	指可溶性岩层及其中地下水分布区域所构成的水-岩作用空间范围。
				1)	是一个通过水与介质不断相互作用、不断演化的自组织动力系统[11]。
1009	岩溶塌陷	水文地质基础	karst collapse	岩溶塌陷 karst collapse	指岩溶地区同高程地面某处的下沉量大于周边地面的下沉量时，出现的地面高程差异现象。
				1)	因岩溶作用而产生的地面塌陷现象。可分为基岩塌陷和上覆土层塌陷两种[1]。
1010	岩溶陷落柱	水文地质基础	karst collapse column	岩溶陷落柱 karst collapse column	指岩溶塌陷过程中形成似柱形的陷落空间。
				1)	埋藏型岩溶区的地下溶洞的顶部岩层及覆盖层失去支撑，发生塌陷和剥落所产生上小下大的锥状陷落体[1]。
1011	岩溶作用	水文地质基础	karst process	岩溶作用 karst process	同喀斯特作用。
				1)	又称喀斯特作用，是水流对可溶性岩石进行的以化学作用（溶解与沉淀）为主要特征，并伴随有机械作用（流水侵蚀和沉积，重力崩塌和堆积）的地质作用[1]。
1012	岩石	基础地质	rock	岩石 rock	
				1)	指天然产出的具有一定结构构造的矿物集合体，它构成地球上层部分（地壳和上地幔），在地壳中具有一定的产状[1]。
				2)	在地质作用过程中由一种（或多种）矿物或由其他岩石或矿物的碎屑所组成的一种集合体[7]。
1013	岩石渗透性测定	技术方法	permeability determination of rock	岩石渗透性测定 permeability determination of rock	指在岩石试块相对两侧施以水头差以确定试块透水能力的过程及结果。
				1)	在一定水头差作用下，多孔岩石渗透能力的测定[4]。
1014	岩性	基础地质	lithologic characters	岩性 lithologic characters	指岩石特征属性的总和。如成分、颜色和结构等。

1015	盐类矿床	水文地质基础	salt deposit	盐类矿床 salt deposit	指经过浓缩作用形成的具有较高溶解度的各种盐类并达到工业开采的一类矿床。
				1)	又叫易溶性矿床，它包括钠、镁、钾的氯化物、硫酸盐和碳酸盐类，有时也可能形成硝酸盐和硼酸盐类[2]。
1016	盐内水	水文地质基础	intra-salt body water	盐内水 intra-salt body water	指盐矿层内封闭的不再发生浓缩作用的地下水。
				1)	埋藏在盐矿层本身空隙中的地下水。它主要是沉积形成盐体时，残存下来的古湖原卤。盐内水矿化度高，盐分饱和，故它本身也是开发利用的资源[1,3]。
1017	盐上水	水文地质基础	super-salt body water	盐上水 super-salt body water	指以盐矿层为隔水层底板的含水层中的地下水。
				1)	埋藏在盐矿层以上岩系中的地下水。它可以是潜水，也可以是承压水[1,3]。
1018	盐下水	水文地质基础	infra-salt body water	盐下水 infra-salt body water	指以盐矿层为顶板的含水层中的地下水。
				1)	埋藏在盐矿层以下含水岩系中的地下水。它在成因上可能是渗入到盐下岩系中残留的古湖原卤。但在大多数情况下，常由远处的淡水补给，并与盐上水、边缘水有一定的水力联系[1,3]。
1019	盐效应	水化学-水文地球化学	salt effect	盐效应 salt effect	指矿物在纯水中的溶解度低于矿物在高含盐量水中的溶解度，这种含盐量升高使矿物溶解度增大的现象。
				1)	难溶化合物溶液中加入不同类的易溶盐而引起难溶盐溶解度提高的现象[5]。
1020	衍生组分	水化学-水文地球化学	derivative stock	衍生组分 derivative stock	指两种地下水相遇混合过程中由两种或两种以上的组分反应而形成的新组分。
				1)	由两种或两种以上的基本组分相互反应而形成的组分[9]。
1021	阳离子交换容量	水化学-水文地球化学	cation-exchange capacity	阳离子交换容量 cation-exchange capacity	指某一岩石中吸附的阳离子被性质相似的其他阳离子替换达到平衡时的数量。
				1)	每100g干吸附剂可吸附阳离子的毫克当量数[9]。
				2)	离子交换容量是另一个表示吸附剂吸附能力的参数。在地质学和土壤学中常用阳离子交换容量（cation exchange capacity，CEC）表示岩石、矿物和松散沉积物的吸附量[10]。
1022	阳离子交换系数	参数	cation exchange coefficient	阳离子交换系数 cation exchange coefficient	指在环境中，土壤中某种阳离子被水中另一种或多种不同阳离子所替换的量与该环境中最大交换量的比值。
1023	阳离子交换作用	水化学-水文地球化学	cation exchange and adsorption	阳离子交换作用 cation exchange and adsorption	又称阳离子交替吸附作用。指岩土中颗粒表面的某一类阳离子与地下水中挟带的性质相近的阳离子相互替换的过程及结果。
				1)	黏性土颗粒表面带有负电荷，将吸附地下水中某些阳离子，而将其原来吸附的部分阳离子转为地下水中的组分，这便是阳离子交替吸附作用[11]。
				2)	地下水与岩石相互作用，岩石颗粒表面吸附的阳离子被水中阳离子置换，并使水化学成分发生改变的过程[11]。

			3)	土颗粒表面吸附的阳离子被水中阳离子置换的现象。这与水中和土颗粒所吸附的阳离子吸附能大小有关[1,3]。
			4)	当地下水中的一种离子被吸附到固体表面上时，固体表面上的另一种同性离子发生解吸并释放出其所占据的表面空间[9]。
1024	氧化还原电位	水化学-水文地球化学	oxidation-reduction potential	氧化还原电位 oxidation-reduction potential	指地下水中电子浓度的负对数值。
			1)	表示水中电子浓度的负对数值，是衡量地下水氧化-还原能力大小的指标[4]。
			2)	表征水体氧化还原状态的一个综合性物理化学指标，其单位为[V]或[mV][9]。
			3)	元素及其化合物与溶液中在离子价改变有关的化学活性的量度[1,3]。
1025	一维流	地下水动力学	one dimensional flow	一维流 one dimensional flow	指地下水在三维空间中只有一个方向有流动分量，且只有一个流向的流动状态。
			1)	渗流的一种类型，其特点是渗流要素（水位、流速等）仅随一个坐标变化，即渗流场内水流速度向量有一个分量，所有的流线均彼此平行，与此正交方向上的分速度等于零。所以它又称线性运动[1,3]。
1026	一维运动	地下水动力学	one dimension motion	一维运动 one dimension motion	指在假定坐标系统后地下水只有一个方向有流量的流动方式。
			1)	当地下水沿一个方向流动时，把这个方向取作坐标轴，因而地下水的渗流速度只有沿这一坐标轴的方向有分速度，其余坐标轴方向的分速度均为零，这类运动称为地下水的一维运动，也称单向运动[5]。
1027	溢流泉	水文地质基础	overflow spring	溢流泉 overflow spring	指地下水流动前方的岩土体渗透系数变小时形成的地下水露头。
			1)	水流前方出现相对隔水层，或下伏相对隔水底板抬升时，地下水流动受阻，溢流地表[11]。
			2)	含水层前方出现隔水岩层或含水层厚度突变，水流运动前方受阻成泉[20]。
			3)	当潜水流前方透水性急剧变弱，或由于隔水底板隆起，潜水流动受阻而溢出地表的泉[4]。
			4)	又称上壅泉，潜水含水层受隔水底板局部隆起的影响，或不透水坡积层的阻挡，或构造原因形成的其他隔水岩体的阻挡，使潜水面抬高出露地表而形成的泉[1,3]。
1028	阴离子吸附	水化学-水文地球化学	anion adsorption	阴离子吸附 anion adsorption	指地下水中阴离子被骨架空隙或水中胶体吸附的现象。
			1)	关于阴离子的吸附可归纳如下：① PO_4^{3-} 易于被高岭土吸附；②硅质胶体易吸附 PO_4^{3-}、AsO_4^{3-}，不吸附 SO_4^{2-}、Cl^- 和 NO_3^-；③随着土壤 Fe_2O_3、$Fe(OH)_3$ 等铁的氧化物及氢氧化物的增加，F^-、SO_4^{2-}、Cl^- 吸附增加；④阴离子被吸附的顺序为 $F^- > PO_4^{3-} > HPO_4^{2-} > HCO_3^- > H_2BO_3^- > SO_4^{2-} > Cl^- > NO_3^-$，这个次序说明，$Cl^-$ 和 NO_3^- 最不易被吸附[10]。

1029	引用影响半径	参数	reduced radius of influence	引用影响半径 reduced radius of influence	指将钻孔抽水的影响方向为单侧发展的扇形区域或隧道抽水时影响的单侧含水层空间简化成标准的圆形或扇形时的影响半径。
				1)	钻孔或地下坑道系统抽水时形成的不规则近圆形降落漏斗,为了计算方便,可将降落漏斗周边圈定的面积简化为等面积的圆形半径[1,3]。
1030	影响半径	参数	radius of influence	影响半径 radius of influence	指抽水影响范围边界至井中心之间的最大距离。
				1)	降落漏斗的周边在平面上投影的半径。影响半径的大小与含水层的透水性、抽水延续时间、水位降深等因素有关。影响半径可按抽水时各观测孔实测的水位降低值按作图法测求,亦可按不同条件下的经验公式根据抽水试验得到的参数计算求得[1,3]。
				2)	从抽水井至降落漏斗周边的平均距离,量纲为[L][4]。
1031	应用水文地球化学	水化学-水文地球化学	application of hydrogeoche-mistry	应用水文地球化学 application of hydrogeochemistry	指研究水文地球化学在国民经济、人类生活和环境保护(或者说在资源、能源和地质工程)中的应用原理和工作方法的学科。包括环境水文地球化学、农业水文地球化学等。
				1)	研究水文地球化学在国民经济、人民生活、环境保护中的应用原理和工作方法[5]。
1032	映射	技术方法	method of images	映射 method of images	指根据直线隔水边界或补给边界,采用虚构抽、注水井方式进行水文地质参数计算的一种数学方法。
				1)	适用于直线补给边界和直线隔水边界,此时把边界的影响用虚构井来代替,补给边界用虚构的注水井代替,隔水边界用虚构的抽水井代替,即假设边界不存在,而在边界的另一边和实际抽水井对称的位置上存在一个流量(注水量或抽水量)与实际井完全等同的虚构井(注水井或抽水井),边界的影响就等于这个虚构井的影响。总之,映射要满足如下要求:①虚井与实井的位置对称;②虚井的流量与实井相等;③虚井的性质(抽水井还是注水井)取决于边界的性质。这样,才能保持映射前后的水流状态不变[2]。
1033	硬脆性岩石	水文地质基础	brittle hard rock	硬脆性岩石 brittle hard rock	指具有易产生脆性裂隙的岩石的总称。
				1)	以石英岩为代表,包括一些比较硬脆的混合岩、白粒岩及其他硅质含量较高的岩石。这些岩石经后期构造变动容易产生构造裂隙,形成脉状裂隙水或层间裂隙水[2]。
1034	硬度	水化学-水文地球化学	hardness	硬度 hardness	指地下水中钙和镁离子的总量。
				1)	水煮沸后,一部分钙镁离子会发生沉淀,这个部分沉淀的钙镁离子的数量称水的暂时硬度。沸腾后不沉淀仍以离子形式存在于水中的钙镁离子含量称永久硬度。永久硬度和暂时硬度之和称总硬度,它是天然条件下水中钙镁离子数量的总和。
				2)	反映了水中多价金属离子含量的总和,这些离子包括了 Ca^{2+}、Mg^{2+}、Sr^{2+}、Fe^{2+}、Fe^{3+}、Al^{3+}、Mn^{2+}、Ba^{2+}等[9]。
				3)	指水中 Ca^{2+}、Mg^{2+}的含量。水的硬度对生活及工业

用水影响极大[1,3]。

1035	永久硬度	水化学-水文地球化学	permanent hardness；noncarbonate hardness	永久硬度 permanent hardness；noncarbonate hardness	指在常温常压下水沸腾后残留在水中的 Ca^{2+} 和 Mg^{2+} 总量。
				1）	水沸腾后，残留于水中的 Ca^{2+}、Mg^{2+} 数量[4]。
				2）	总硬度与碳酸盐硬度之差被称为非碳酸盐硬度或永久硬度。它指的是与水中 Cl^-、SO_4^{2-}、NO_3^- 等结合的多价金属阳离子的总量，水煮沸后不能被除去[9]。
				3）	非碳酸盐硬度称为永久硬度。是指与 Cl^-、SO_4^{2-}、NO_3^- 结合的 Ca^{2+} 和 Mg^{2+}，水煮沸后不能除去[6]。
				4）	水沸腾后，不沉淀的以离子形式含于水中的 Ca^{2+}、Mg^{2+} 的含量，称水的永久硬度[1,3]。
1036	涌水量方程外推法	技术方法	discharge equation extrapolation method	涌水量方程外推法 discharge equation extrapolation method	又称试验推断法或坑道涌水量预测方法。指在水文地质条件没有根本改变的前提下，根据坑道开挖的进程与断面开挖的大小，预测后续开挖过程中涌水量的过程及结果。
				1）	根据三个以上落程的稳定流抽水试验所得到的涌水量与水位降深函数关系，外推设计降深条件下水井可开采量的资源评价方法[4]。
1037	油层水	水文地质基础	oil reservoir water	油层水 oil reservoir water	指含油岩层中的地下水。
				1）	层状承压水埋藏在储油构造内岩石的孔隙裂隙和溶洞中，如储存于含油层中，称为油层水[2]。
1038	游离碳酸	水化学-水文地球化学	free carbon acid	游离碳酸 free carbon acid	指溶解在地下水中且没有离解的二氧化碳和碳酸。
				1）	指水中溶解的 CO_2 以及它的水化物——H_2CO_3[2]。
1039	有限差分法	数理	finite-difference method	有限差分法 finite-difference mothod	指把偏微分方程转化为差分格式进行求解的数值方法。
				1）	通过差分方程求微分方程的数值解的方法[1,3]。
1040	有限单元法	数理	finite element method	有限单元法 finite element method	指以变分原理和剖分插值为基础的求微分方程数值解的一种方法。推导形成代数方程组的方法包括里茨有限元法和伽辽金有限元法。
				1）	求偏微分方程近似解的一种数值计算方法。它是以变分原理和剖分插值为基础的，是传统的能量法和差分方法相结合的一种方法[1,3]。
				2）	以变分原理和剖分插值为基础的求微分方程数值解的一种方法。包括里茨有限单元法和伽辽金有限单元法[4]。
1041	有效井半径	地下水动力学	apparent wellbore radius	有效井半径 apparent wellbore radius	指抽水过程中过滤器内外水位相同时，井中心点至含水层初始水位最大计算点的距离。
				1）	由井轴到井管外壁某一点的水平距离[5]。
1042	有效孔隙	水文地质基础	effective pores	有效孔隙 effective pores	指重力水能够自由进出的互相连通的空间。

				1）	互相连通的、不为结合水所占据的那一部分孔隙称为有效孔隙[5]。
1043	有效孔隙度	参数	effective porosity	有效孔隙度 effective porosity	指在岩土体中相互连通的空隙中重力排出的水的体积与岩土体总体积的比值。
				1）	有效孔隙体积与多孔介质总体积之比称为有效孔隙度（n_e）[5]。
				2）	相互连通的孔隙体积与土或岩石总体积之比，一般用百分数表示[3, 10]。
				3）	岩样中相互连通的孔隙的总体积与岩样总体积（视体积）的比值[1]。
1044	有效渗透率	参数	effective permeability	有效渗透率 effective permeability	指非饱和条件下地下水流动的渗透系数。
				1）	在非饱和水流运动条件下的多孔介质的渗透率。它是容积含水量 ω 的函数。有效渗透率 $k(\omega)$ 与有效水力传导系数 $K(\omega)$ 的关系为 $k(\omega)=K(\omega)\mu/\gamma$。式中，$\gamma$ 为水的密度；μ 为水的动力黏滞系数[1,3]。
1045	诱发突水	工程类	induced water burning	诱发突水 induced water burning	由于工程活动产生的裂隙连通其他含水层或水体或者改变地下水流动条件导致大量水进入作业面的现象。
				1）	因天然或人工震动引起的坑道突水现象[4]。
1046	雨量效应	水化学-水文地球化学	rainfall effect	雨量效应 rainfall effect	指由降水量大小导致水中同位素分异发生改变的现象。
				1）	降水量的大小对降水的同位素组成也产生影响，一般来说，雨量越大，降水的 δ^2H 和 $\delta^{18}O$ 值越低，这种效应被称为雨量效应[9]。
1047	元素沉淀强度系数	参数	precipitation intensity coefficient of element	元素沉淀强度系数 precipitation intensity coefficient of element	指元素在水中的质量与理论上完全风化后可以产生的质量的比值。无量纲。
				1）	元素在水矿化度中的含量与该元素在化学风化产物中的含量（%）之比[5]。
1048	元素迁移能力	参数	water-migration capacity of element	元素迁移能力 water-migration capacity of element	指在相同条件下，表生地球化学带内的元素从岩石中溶解并进入水中的能力。
				1）	指在表生地球化学带内，在相同条件下，化学元素借助于水的作用，从岩石中解脱出来进入水中的能力[1,3]。
1049	元素迁移系数	参数	water-migration coefficient of element	元素迁移系数 water-migration coefficient of element	指元素在地表水或地下水中的总溶解性固体中的含量与同一区域内岩土体中含量的比值。无量纲。
				1）	在水文地质学中，元素在地表水或地下水的干渣中的含量与其所在区域内岩石中含量的比值，称为水中元素迁移系数[1,3]。
1050	元素水文地球化学	水化学-水文地球化学	element hydrogeochemistry	元素水文地球化学 element hydrogeochemistry	指研究地下水中某个元素的存在形式、形成、分布、迁移转化及应用的学科。
				1）	研究天然水中化学元素及其同位素的存在形式、形

					成、分布、迁移沉淀、集中分散及其实际应用[5]。
1051	原位化学氧化	水化学-水文地球化学	in situ chemical oxidation	原位化学氧化 in situ chemical oxidation	指将强氧化剂注入土壤、沉积物或含水层中氧化其中的有机污染物的一种技术。
				1)	是一种新型的利用强氧化剂破坏或降解地下水、沉积物和土壤中的有机污染物,形成环境无害的化合物的修复技术[10]。
1052	源点	水文地质基础	source point	源点 source point	指含水层中假想的半径为无限小的作为渗流的起点的水质点。
				1)	单位厚度含水层中半径为无限小的注水点[1,3]。
				2)	渗流由一点沿径向流出,则称该点为源点[5]。
1053	源汇项	水文地质基础	terms of source and sink	源汇项 terms of source and sink	指数学模型中向外输出物源(物质)的单元称为源;收集物质的单元(条目)称为汇。
				1)	除对流与水动力弥散作用外,凡存在于研究区域内部,能引起微元六面体内部某种溶质质量变化的其他一切因素,都称为源汇因素,均需要补充到弥散方程中去。这种补充项通常统称为源汇项[9]。
1054	越流	水文地质基础	leakage	越流 leakage	指在不同含水层水动力学系统中,相邻含水层之间存在弱透水层和水头差时,地下水从水头高的含水层(主要为弱透水层)向水头低的含水层流动的现象。
				1)	在相邻含水层之间存在弱透水层和水头差时,地下水从水头高的含水层(包括弱透水层)向水头低的含水层流动的现象[4]。
				2)	是在含水层组中对某一含水层进行抽水时,当抽水层的顶底板岩层或其中之一为半透水层,相邻含水层水在水头差的作用下,通过半透水层渗透而进入抽水层的现象[1,3]。
1055	越流补给	水文地质基础	leakage recharge	越流补给 leakage recharge	指低水头抽水含水层通过弱透水层从高水头的非抽水含水层获得水量的过程。
				1)	相邻强透水层的水,在水头差作用下,通过弱透水层补给抽水层。而弱透水层本身的释放量很少可以不计,在越流过程中仅起通道作用。在弱透水层很薄的含水组中对某一含水层抽水时,常形成这类补给[2]。
				2)	抽水层通过相邻含水层的越流作用而得到的补给。越流补给有时还包括抽水层顶底板半透水层的弹性释放量[3, 4, 10]。
1056	越流系数	参数	leakage coefficient	越流系数 leakage coefficient	指单位水头下,非抽水含水层通过单位面积弱透水层补给到抽水含水层的水量。
				1)	当主含水层和供给越流的含水层间的水头差为一个长度单位时,通过主含水层和弱透水层单位面积界面上的水流量[5]。
				2)	表示当抽水含水层和供给越流的非抽水含水层之间的水头差为一个单位时,单位时间内通过两含水层之间弱透水层单位面积的水量[10]。
				3)	表征弱透水层垂直方向上传导越流水量能力的参数[1,3]。
1057	越流系统	水文地质基础	leaky system;	越流系统 leaky	指一个弱透水层分隔两个含水层系统组成的有弱水

			leakage system	system; leakage system	力联系的地下水流动系统。
				1)	在越流条件下，由含水层、弱透水层和相邻含水层所组成的含水系统[4]。
				2)	由抽水层（含水层）、半透水层（弱透水层）和补给层（相邻含水层）所组成的系统[1,3]。
1058	越流因数	参数	leaky factor; leakage factor	越流因数 leaky factor; leakage factor	指两个含水层系统中弱透水层过水能力的一个参数。
				1)	表征在越流系统中越流作用的综合参数。它与抽水含水层的导水系数及弱透水层的越流系数有关，若仅通过含水层顶板（或底板）的弱透水层发生越流时，越流因数 $B = \sqrt{T/(K'+m')}$ ；若从顶底板弱透水层均发生越流时，越流因数 $B = \sqrt{T/(K'+m'+K''+m'')}$ 。式中，T 为抽水含水层的导水系数；K'、k'' 分别为顶、底板弱透水层的垂直渗透系数；m'、m'' 分别为顶、底板弱透水层的厚度[1,3]。
				2)	又称阻越流系数，在越流系统中表征越流作用的综合参数[4]。
1059	允许开采量	地下水资源	allowable withdrawal of groundwater	允许开采量 allowable withdrawal of groundwater	指在一地区某一含水层中的地下水开采过程中，具有经济性且含水层不发生负效应的条件下开采出的水量。
				1)	指通过技术经济合理的取水构筑物，在整个开采期内出水量不明显减少，地下水动水位不超过设计要求，水质和水温变化在允许范围内、不影响已建水源地正常开采、不发生危害性的工程地质现象等前提下，单位时间内从水文地质单元或取水地段中能够取得的出水量[2]。
				2)	在水源地设计的开采时期内，以合理的技术经济开采方案，在不引起开采条件恶化和环境地质问题的前提下，单位时间内，可以从含水层中取出的最大水量。常用于表征集中地下水源地的可开采水量[4]。
1060	允许水位降深	地下水动力学	allowable drawdown	允许水位降深 allowable drawdown	指不产生负效应的情况下可经济开采最大地下水量时的降深。
				1)	根据含水层埋藏条件，抽水设备吸（扬）程和环境保护要求所确定的水井或某一指定地点的地下水位最大降深值[4]。

Z

1061	再生水	水文地质基础	rejuvenated water	再生水 rejuvenated water	指岩石变质过程中释放出来的矿物结晶水。
				1)	指在高温高压的热力条件下，岩浆岩和变质岩在成岩过程中释放出来的水称为岩浆水和再生水。它包括岩浆中的水和变质带以及重熔-再熔化混浆中的水，前者称岩浆水，后者称再生水[2]。
1062	暂时型漏斗	地下水动力学	temporary cone of depression	暂时型漏斗 temporary cone of depression	指在钻孔或井中抽水停止后，一定时期内含水层水位能恢复到初始水位的降落漏斗。

1063	暂时硬度	水化学-水文地球化学	temporary hardness; carbonate hardness	暂时硬度 temporary hardness; carbonate hardness	又称碳酸盐硬度。指常温常压下水煮沸后可与 CO_3^{2-} 和 HCO_3^- 发生沉淀的那部分 Ca^{2+} 和 Mg^{2+} 总量。
				1)	碳酸盐硬度称为暂时硬度。是指与 HCO_3^- 和 CO_3^{2-} 结合的那部分 Ca^{2+} 和 Mg^{2+}，水煮沸时成 $CaCO_3$ 沉淀而被除去[7]。
				2)	水沸腾后，发生沉淀的钙、镁离子数量[4]。
				3)	水沸腾后部分 Ca^{2+} 和 Mg^{2+} 发生沉淀，沉淀的数量称水的暂时硬度[1,3]。
1064	造矿矿物	基础地质		造矿矿物	指组成矿产资源的各种矿物的总称。
1065	造岩矿物	基础地质	rock-forming mineral	造岩矿物 rock-forming mineral	
				1)	组成岩石的矿物[1]。
				2)	经常组成各种岩石的矿物[7]。
1066	噪声	数理	noise	噪声 noise	指具有时间序列的水文地质参数去除周期性和趋势性成分的剩余部分。
1067	张节理	基础地质	tension joint	张节理 tension joint	
				1)	在垂直于主张应力方向上发生张裂而形成的节理[1]。
				2)	在张应力作用下形成的节理[7]。
1068	张力计	技术方法	tensiometer	张力计 tensiometer	指测定非饱和水流压力的一种装置。
				1)	测定非饱和水流压力水头的一种装置。它由多孔体探头、集气管和负压表组成[1,3]。
1069	张裂隙	基础地质	extension fracture	张裂隙 extension fracture	指由张应力形成的裂缝。
				1)	垂直于最大应力方向并平行于压缩方向的断裂[1]。
1070	张性断层	基础地质	tensile fracture	张性断层 tensile fracture	指上下盘有明显裂隙空间的断层。
1071	哲才公式	数理	Chezy formula	哲才公式 Chezy formula	指计算紊流条件下地下水渗透系数的数学表达式：$v = kc\sqrt{I}$。因哲才发明而命名。
				1)	在紊流条件下地下水的渗透服从哲才公式：$v = kc\sqrt{I}$。式中，k_c 为紊流运动时的渗透系数[10]。
1072	褶皱（构造）	基础地质	folded structure	褶皱（构造）folded structure	
				1)	变形作用在面状构造（如像岩层、层面、叶理，或劈理等）中引起的弯曲或扳曲[1]。
				2)	指褶皱作用，具有地壳运动方面的含义[1]。
				3)	指岩层受力变形产生的一系列连续的弯曲[7]。
1073	真空增强回收	数理	vacuum enhanced recovery	真空增强回收 vacuum enhanced recovery	指利用真空气压收集轻质非水相组分的一种技术。
				1)	真空增强回收技术是将真空辅助回收轻质非水相液体（LNApL）技术与土壤气体抽提（soil vapor

					extraction，SVE）和生物通风（bioventing，BV）技术相结合，既能回收轻质非水相液体，又能同时进行渗流区的生物修复[10]。
1074	真值	数理	true value	真值 true value	
				1）	观测对象的量是客观存在的[8]。
1075	蒸发	水化学-水文地球化学		蒸发	指水由液态或固态转化为气态的过程或现象。
1076	蒸发浓缩作用	水化学-水文地球化学	concentration caused by evaporation	蒸发浓缩作用 concentration caused by evaporation	指由蒸发作用引起地下水中溶解性总固体升高的过程及结果。
				1）	地下水遭受蒸发，引起水中成分的浓缩，使水中盐分浓度增大，矿化度增高[4]。
				2）	地下水受蒸发而引起水中成分的浓缩过程[1,3]。
1077	蒸腾	水化学-水文地球化学	transpiration	蒸腾 transpiration	
				1）	水分通过植物叶面蒸发的现象[1,3]。
1078	正断层	基础地质	normal fault	正断层 normal fault	
				1）	相对于下盘而言，上盘沿断层面向下方运动的断层[1]。
				2）	上盘相对下降、下盘相对上升的断层[7]。
1079	正交表	数理	orthogonal table	正交表 orthogonal table	
				1）	根据组合理论，按照一定规律构造的表格[8]。
1080	正交试验	数理	orthogonal test	正交试验 orthogonal test	
				1）	指以正交表为工具安排试验方案和进行结果分析的工作[8]。
1081	正均衡	地下水资源	positive balance	正均衡 positive balance	指在一个水文年内，包气带足够厚的含水层中地下水总补给量大于总消耗量时的水均衡形式。
				1）	如果单位时间内收入项（补给）大于支出项（排泄），则当地的地下水总量（地下水资源）就增加，收支呈正均衡[2]。
				2）	某一均衡期内，总补给量大于总消耗量时的水均衡[4]。
				3）	当补给量大于消耗量时称正均衡，即计算期内水量增加、水位上升[1]。
1082	正向地球化学模拟	技术方法	forward geochemical simulation	正向地球化学模拟 forward geochemical simulation	指根据地球化学原理假定可能的初始条件和一系列反应过程，通过热力学计算获得成果与现有水质分析成果进行对比分析的全部工作。
				1）	是数值模型利用给定的初始条件，假定一系列的反应，再用热力学数据库来模拟假设的反应的结果。正向模拟对单一的水中的配分（speciation）反应和两相中的质量迁移反应计算反应的程度。正向地球化学模拟已经扩展到能模拟地下水流动和溶质的对流弥散及一系列复杂的地球化学过程

的模拟方法[10]。

1083	正演模拟	技术方法	forward modeling	正演模拟 forward modeling	指以含水层边界条件为基础，以设计的开采方案预测开采量和水位降深与开采时间空间关系的一种数学方法。
				1)	根据开采方案及开采时的边界条件预报未来开采量、水位降深与开采时间的关系，称为正演模拟（解正问题）[2]。
1084	支持毛细水	水文地质基础	sustained capillary water	支持毛细水 sustained capillary water	指由地下水引起并由地下水面支撑且随地下水位变化而变化的毛细带中的水。
				1)	岩土中存在细小空隙时，通过毛细作用，在地下水面以上形成毛细水带[11]。
1085	直接法	技术方法	direct method	直接法 direct method	指解得某一模型或方程组的准确解的方法。
				1)	通过有限次运算直接求出方程组的准确解，称直接法[2]。
1086	直接解法	技术方法	direct-solution method	直接解法 direct-solution method	指根据含水层的水位、渗透系数和钻孔出水量建立的偏微分方程，求解其中一个未知参数的方法。
				1)	即从联系水位和水文地质参数的偏微分方程（或离散化形式）出发，利用已知水位直接把未知参数解出来[2]。
1087	直接污染	地下水与环境	direct pollution	直接污染 direct pollution	指污染物直接进入含水层造成的地下水水质恶化的现象。
				1)	污染物通过某种途径直接造成的污染[1,3]。
				2)	地下水中的污染物直接来源于污染源，污染物在污染过程中，其性质没有任何改变[2]。
1088	直线图解法	技术方法	linear graphic method	直线图解法 linear graphic method	指以降深作为自变量，抽水量对数作因变量的半对数坐标系中绘制的直线斜率和截距确定含水层渗透系数的过程及结果。
				1)	在半对数坐标中，利用抽水试验实测资料绘制的直线斜率和截距求解水文地质参数的图解方法[4]。
1089	质量分数	水化学-水文地球化学	mass fraction	质量分数 mass fraction	指溶质的质量与溶液的质量之比。
1090	质量摩尔浓度	水化学-水文地球化学	molality	质量摩尔浓度 molality	指每 1kg 溶剂中溶质的物质的量。
				1)	化学物质在水中的含量的一种表达方法，以每千克溶液中所含物质的物质的量来表示[9]。
				2)	一种水化学成分的浓度单位，每千克溶剂中溶质的物质的量，旧名为重量克分子浓度[5]。
1091	质量浓度	水化学-水文地球化学	mass concentration	质量浓度 mass concentration	指每 1kg 水中所含溶质的质量（毫克），因水的密度近似为 1kg/L，1kg 水近似 1L 水，所以常用升表示。单位为[mg/L]。
				1)	每升水中所含溶质的质量（mg/L，μg/L）[9]。
				2)	一种水化学成分的浓度单位，在天然水研究中使用最普遍的质量浓度，单位为 mg/L[5]。
1092	质量平衡模拟	技术方法	mass balance modeling	质量平衡模拟 mass balance modeling	指根据质量守恒定律来计算地下水中的组分及介质质量时空变化的过程及结果。

			1)	质量平衡模拟主要用来对地下水流动途径上发生的化学反应进行研究，对于地下水流线上的两个点，质量平衡模拟使用地下水与含水层固体、气体之间的化学反应来解释其化学成分的变化。通过这种模拟可以确定地下水流动过程中矿物和气体的溶解或沉淀（逸出）量[9]。
1093	质量守恒定律	数理	law of mass conservation	质量守恒定律 law of mass conservation
			1)	自然科学中的基本定律之一。是指在通常条件下任何与周围隔绝的物质系统中，不论发生何种变化或过程，其总质量始终保持不变。对一般条件下的地下水（密度变化很小时），常以体积守恒，即水均衡原理来表征质量守恒[1,3]。
1094	质量转移	地下水动力学	mass transfer	质量转移 mass transfer	指两种或两种以上相态的质量变化或位移变化。
			1)	指在两种或两种以上相态间的质量转移[10]。
1095	滞后突水	工程类	delayed water bursting	滞后突水 delayed water bursting	指工程开挖或掘进过程中，薄弱点被局部破坏发生突水后，突水量在较长时间（几天到几个月、甚至几年）逐渐增大的现象。
			1)	采掘工作后发生的突水现象[4]。
1096	滞后现象	地下水动力学	hysteresis	滞后现象 hysteresis	指某一条件与另一条件有确定的因果关系，但响应时间不同步且明显延迟的现象。
			1)	在同一 p_c（毛管压强）或 h_c（毛管压力水头）下，排水时的含水率要大于吸湿时的含水率，这种现象称为滞后现象[5]。
1097	滞流系统	水文地质基础	flow system with time-delay	滞流系统 flow system with time-delay	指地下水流动速度过慢以致难以观测，但在地质时期内可判断地下水仍具流动性的地下水系统。
			1)	某个时段，在同一含水层系统内，地下水中物质相互交换程度低的局部系统。
1098	中心孔	水文地质基础	center well	中心孔 center well	指一个地区或含水层中，有多个井或孔时，其中有一个作为抽水孔（井），其余作为观测孔（井），则该抽水孔（井）就称为中心孔。
			1)	多孔抽水时的抽水孔。在多孔抽水试验时，常在抽水孔（也称主孔）的周围沿互相交叉的两条直线（垂直于地下水流向的和平行于地下水流向的）的四个方向分别布设观测孔，故将抽水孔称为中心孔[1,3]。
			2)	水文地质勘探中用作抽水的水文地质孔。带观测孔的单孔抽水试验，其抽水孔又称中心孔[4]。
1099	重非水相液体	地下水与环境	dense nonaqueous phase liquids	重非水相液体 dense nonaqueous phase liquids	指密度大于水的密度且不溶于水的液相物质。
			1)	当进入地下的非水相液体比水重时，称为重非水相液体或 DNApLs[5]。
1100	重力势	参数	gravitational potential; gravity potential	重力势 gravitational potential; gravity potential	又称重力位。指在恒温条件下，将单位重量的自由水从参考面移到某一高度所做的功。
			1)	重力势（即位置势能）源于重力场。是在恒温条件下将单位重量的水从参考基准面移到某一高度 z，

				纯自由水所做的功[11]。
		2)		在重力场中，单位质量质点所具有的能量称为此点的重力位。它的数值等于单位质量的质点从无穷远处移到此点时重力所做的功。常用符号 W 表示[1]。
1101	重力释水补给	地下水动力学	gravity release water recharge	重力释水补给 gravity release water recharge	指垂直剖面上被弱含水层分隔的两个含水层，下部含水层水位降低后，在重力作用下上部含水层中的水透过弱透水层补给到下含水层的现象。
			1)		在双层结构的含水组中，如从下部强透水承压层的完整井中抽水，则上覆的弱透水潜水层就要释放重力水补给抽水层[2]。
1102	重力疏干	地下水动力学	gravity drainage	重力疏干 gravity drainage	指潜水含水层或无压含水层中的重力水全部排出的现象。
			1)		在无压含水层中抽水或排水时，空隙中的水在重力作用下排出而使部分含水层疏干的现象[4]。
1103	重力水	水文地质基础	gravity water	重力水 gravity water	指岩土体中，不受毛细作用和固体表面张力作用，并在重力作用下可以排出的水。
			1)		又称自由水，为土和岩石饱水带中不受颗粒吸附和毛细作用控制，在重力作用下能自由运动的地下水[1,3]。
1104	重碳酸盐水	水化学-水文地球化学	dicarbonate water	重碳酸盐水 dicarbonate water	指以重碳酸根为绝对主离子的一类水。
			1)		主要是钙质水，在潮湿气候区，水交替强烈的山区以及在石灰岩发育的潮湿气候区，在土壤和潜水中广泛地分布着这种水存在的环境[2]。
1105	周期性	数理	periodicity	周期性 periodicity	指时间序列水文地质参数在某一时间间隔内反复出现的现象。
1106	逐步回归方法	技术方法	stepwise regression method	逐步回归方法 stepwise regression method	
			1)		就是把对 y 有显著影响的自变量逐个地引入回归式的一种方法，首先选与 y 相关程度最密切的自变量，通过 F 检验后，如果表明该自变量的作用显著时，则引入回归式；然后在剩下的自变量中再挑选一个与 y 关系密切的变量，如果当这一新变量引入而引起第一个引入的变量对因变量的作用（经 F 检验）由显著变为不显著，则随时将它从回归式中剔除[2]。
1107	主渗透系数	参数	major permeability coefficient	主渗透系数 major permeability coefficient	指在各向异性介质中与主要流向方向一致的渗透系数。
			1)		在各向异性介质中的水力坡度和渗流速度的方向不一致，但单在三个方向上两者是平行的，而且这三个方向是相互正交的。这三个方向称为主方向。沿主方向测得的渗透系数称为主渗透系数或主值[5]。
1108	主要充水含水层	水文地质基础	predominante filling aquifer	主要充水含水层 predominante filling aquifer	指工程或矿山开发过程中，流入工作面的水量较大的一个或几个含水层。
			1)		指在矿床开采条件下，对井巷产生充水量最大的含水层[6,9]。
1109	主要组分	水化学-水文地	major	主要组分 major	指地下水中摩尔浓度之和占总量90%以上的组分的

		球化学	constituent	constituent	总称。
				1）	指在地下水中经常出现、分布较广、含量较多的化学元素或化合物，其在地下水中的含量一般大于 $5mg/L$[9]。
1110	注水井	工程类	injection well；input well	注水井 injection well；input well	指与含水层相通且能向含水层补给水量的井。
1111	注水孔	地下水动力学	injecting well	注水孔 injecting well	指用于向含水层补水的一类钻孔。
				1）	用作注水试验的钻孔[4]。
1112	注水试验	技术方法	water injection test	注水试验 water injection test	指按定流量或定压力方式向井或钻孔中注水求取含水层或透水层渗透系数的工作及结果。
				1）	往钻孔中连续定量注水，使孔内保持一定水位，通过水位与注水量的函数关系，测定透水层渗透系数的水文地质试验工作[1,3]。
1113	专门水文地球化学	水化学-水文地球化学	special hydrogeochemistry	专门水文地球化学 special hydrogeochemistry	指应用水文地球化学原理解决生产和环境问题的水文地球化学分支。
				1）	研究水文地球化学在某种专门领域中的具体应用，如水文地球化学找矿、成矿水文地球化学、某种具体元素的水文地球化学、废物处置水文地球化学、地浸工艺水文地球化学、环境水文地球化学、农业水文地球化学、医疗卫生水文地球化学、地质作用中的水文地球化学、矿水水文地球化学等[5]。
1114	专门水文地质学	水文地质基础	applied hydrogeology	专门水文地质学 applied hydrogeology	指研究各类水文地质现象和解决与生产环境相关问题的一门水文地质学分支。
				1）	在地下水基本理论指导下论述地下水在应用方面的理论与方法。掌握地下水调查、评价、开发利用管理与保护的理论方法[12]。
				2）	水文地质学的应用部分。根据其服务对象的不同。又可分为供水水文地质学、农田灌溉和土壤改良水文地质学、矿床水文地质学、放射性水文地质学等。内容亦包括水文地质勘测方法[1,3]。
				3）	为各种应用而进行的地下水调查、勘探、评价及开发利用的学科[4]。
1115	准确度	数理	accuracy	准确度 accuracy	指某一观测成果与真实成果之间的误差大小。
				1）	观测值与实际值的差异大小[8]。
1116	灼烧残渣	水化学-水文地球化学	burned residue	灼烧残渣 burned residue	指水样或地下水样在 108℃烘干或自然蒸发浓缩干燥后的残渣再经 500℃灼烧后的剩余部分。
				1）	地下水的干润残渣经 500℃高温灼烧后残余的重量。单位为 $[M/L^3]$[1,3]。
1117	浊液	水化学-水文地球化学	turbid water	浊液 turbid water	指分散质的粒度＞100nm（10^{-7}m）的水的分散体系。
1118	自流井	工程类	artesian well	自流井 artesian well	指揭露承压含水层后，自流溢出地面的井或钻孔。
				1）	揭露承压含水层后，承压水头高出地表的井[1,3]。
1119	自流水	水文地质基础	artesian water	自流水 artesian water	指通过揭穿承压含水层顶板或天然通道出露地表的承压水。

					承压水位高于当地地面，能自行喷出或溢出地表的地下水。过去也有把承压水（包括不具备自流条件的承压水）统称为自流水[1,3]。
				1)	
1120	自然净化作用	水化学-水文地球化学	natural purification	自然净化作用 natural purification	指在含水层中发生的物理作用、化学作用或生物化学作用导致污染物浓度或其危害性降低的过程及结果。
				1)	污染物在地下迁移的过程，是物理、化学及生物因素综合作用过程[2]。
1121	自然衰减作用	水化学-水文地球化学	natural attenuation	自然衰减作用 natural attenuation	指随地下水的流动过程某一组分浓度自然降低的现象。
				1)	在环境介质中，随着污染物的迁移，没有人为干扰的情况下，导致污染物浓度与污染源相比明显减少的各种过程[10]。
1122	自由表面	水文地质基础	free surface	自由表面 free surface	指潜水含水层地下水面不受大气压之外作用力的水面。有时受毛细性影响发生变化。
				1)	又称浸润水面。即含水层的空隙与大气相通，其压力等于大气压力的那一部分边界面[1,3]。
1123	自由面边界	水文地质基础	free surface boundary	自由面边界 free surface boundary	指潜水含水层的地下水面与包气带岩土体的分界面。
				1)	一般潜流（缓变潜流除外）的上部边界，其位置随时间变化，但始终为零压面[2]。
1124	总溶解性固体（TDS）	水化学-水文地球化学	total dissolved solids（TDS）	总溶解性固体 total dissolved solids（TDS）	指溶解在水中的无机盐和有机物的总称（不包括悬浮物和溶解气体等非固体组分）。
				1)	指水中溶解组分的总量，它包括了水中的离子、分子及络合物，但不包括悬浮物和气体[9]。
				2)	又称总矿化度。指地下水中所含各种离子、分子、化合物的总量。单位为[g/L] [1,3]。
				3)	指溶解在水中的无机盐和有机物的总称（不包括悬浮物和溶解气体等非固体组分），用缩略词 TDS 表示[11]。
1125	总硬度	水化学-水文地球化学	total hardness	总硬度 total hardness	指地下水中 Ca^{2+} 和 Mg^{2+} 质量的总和。
				1)	即是以 $CaCO_3$ 的质量浓度数表示的水中多价金属离子的总和[9]。
				2)	永久硬度和暂时硬度之和称总硬度。它是天然条件下水中 Ca^{2+}、Mg^{2+} 数量的总和[1,3]。
				3)	反映地下水中含盐的特性指标，其值为钙、镁、铁、锰、锶、铝等溶解盐类的含量，通常指水中钙、镁盐类的总量，单位为[mol/L]或[mg/L][4]。
1126	总有机碳	水化学-水文地球化学	total organic carbon（TOC）	总有机碳 total organic carbon（TOC）	指水中悬浮有机碳与溶解有机碳的总和，量纲为 $[M/L^3]$。
				1)	它是水中悬浮有机碳和溶解有机碳的总量[2]。
				2)	水中各种形式有机碳的总量，单位为[mg/L][9]。
				3)	又称全有机碳，简称 TOC。包括水体中所有有机物的总量（折合成碳计算）[1,3]。

1127	纵向弥散	地下水与环境	longitudinal dispersion	纵向弥散 longitudinal dispersion	指新增的地下水组分沿流动方向弥散的现象。
				1)	在平均流速 Δ 方向上，由于沿 Δ 的速度组分间的差异而引起的称为纵向弥散[2]。
				2)	溶质沿平均流动方向扩散[5]。
				3)	水流方向上的弥散作用[1]。
1128	纵向弥散系数	参数	longitudinal dispersive coefficient	纵向弥散系数 longitudinal dispersive coefficient	指地下水新增组分单位时间在流向方向的扩散距离和流动距离的总和，量纳为[L^2/T^1]。
				1)	沿水流方向上的水动力弥散系数（D_L）[4]。
1129	阻滞系数	水化学-水文地球化学	retardation factor（Rd）	阻滞系数 retardation factor（Rd）	指地下水中的某一组分单位时间内通过单位面积含水层后，该组分在地下水中的量与被截留部分量的比值，无量纲。
				1)	地下水和溶质在含水层中的运移速度之比，无量纲[5]。
1130	阻滞作用	地下水动力学	retardation effect	阻滞作用 retardation effect	指地下水中某组分流经一段含水层后被骨架截留的现象。
1131	组分平衡模拟	技术方法	components balance simulation	组分平衡模拟 components balance simulation	指根据质量守恒定律来计算地下水流动过程中组分变化的过程及结果。
1132	钻孔简易水文地质观测	技术方法	simple hydrogeological observation in well	钻孔简易水文地质观测 simple hydrogeological observation in well	指满足单一目的的水文地质观测工作。主要为测量水位、水温等。
				1)	在钻孔钻进过程中对钻孔内水位、冲洗液消耗量，钻孔涌水位置、涌水量和初见涌水水头高度以及钻进中出现的异常现象所进行的观测工作[4]。
1133	钻孔止水	工程类	sealing of bore hole	钻孔止水 sealing of bore hole	指将同一钻孔中各含水层之间的水力联系隔开的相关技术工作。
				1)	穿过几个含水层的水文地质钻孔，为了查明每个含水层的水位、水质和水量；常需在孔中隔离相邻的含水层，以防止不同含水层水通过钻孔发生混合。钻探过程中的这种隔离工作称为钻孔止水[1,3]。
1134	最大开采量	地下水资源	maximum mining yield	最大开采量 maximum mining yield	指在不导致含水层各参数明显改变和不影响开采区域生态环境条件下，一地区或一含水层能连续开采的最大水量。
				1)	即是利用一切的地下水天然资源和人工补给量所获取的常年使用的最大水量，而又不发生较大的危害作用[2]。
1135	最佳配水方案	工程类	optimal water distribution scheme	最佳配水方案 optimal water distribution scheme	指在满足某种工程或生态目标的前提下，地表水和地下水同时用作多用途水源时具有经济和最优环境效益的分配方案。
				1)	即水资源的最佳分配方案。在满足需水量要求前提下，能最充分有效利用管理区内的各类水资源，又能在经济、环境效益上达到最优的各类水资源的统一调度方案[4]。

1136	最优回归方程	技术方法	optimal regression equation	最优回归方程 optimal regression equation	指不影响精度下经数学方法处理后与因变量相关的自变量最少的回归方程。
				1）	即把对因变量 y 有显著影响的自变量挑选出来，同时把误选入的对 y 影响不显著的自变量逐个剔除，以建立起对某批观测数据讲所谓"最优"的回归方程[2]。

词目概念群分类索引表

地下水动力学概念群

水化学-水文地球化学概念群

地下热水资源概念群

工程类概念群

技术方法概念群

参数概念群

预测评价类概念群

模型模式概念群

数理概念群

参 考 文 献

[1] 地质矿产部地质辞典办公室. 地质大辞典[M]. 北京：地质出版社，2005.

[2] 沈照理，刘光亚，杨成田，等. 水文地质学[M]. 北京：科学出版社，1982.

[3] 地质矿产部地质辞典办公室. 地质辞典[M]. 北京：地质出版社，1986.

[4] 地矿部地质环境管理司. 水文地质术语（GB/T 14157—93）[S]. 北京：中国标准出版社，1993.

[5] 薛禹群，吴吉春. 地下水动力学[M]. 3 版. 北京：地质出版社，2010.

[6] 国家冶金工业局.供水水文地质勘察规范（GB50027—2001）[S]. 北京：中国计划出版社，2001.

[7] 陶晓风，吴德超. 普通地质学[M]. 2 版. 北京：科学出版社，2014.

[8] 数学手册编写组. 数学手册[M]. 北京：人民教育出版社，1979.

[9] 钱会，马致远，李培月，等. 水文地球化学[M]. 2 版. 北京：地质出版社，2012.

[10] 王焰新. 地下水污染与防治[M]. 北京：高等教育出版社，2007.

[11] 张人权，梁杏，靳孟贵，等. 水文地质基础[M]. 6 版. 北京：地质出版社，2011.

[12] 梁秀娟，迟宝明. 王文科，等. 专门水文地质学[M]. 4 版. 北京：科学出版社，2016.

[13] 王大纯，张人权，史毅虹，等. 水文地质学基础[M]. 北京：地质出版社，1989.

[14] 国土资源部储量司，中国矿业联合会地热开发管理专业委员会，北京市地质工程勘察院. 地热资源
    地质勘查规范（GB/T 11615—2010）[S]. 北京：中国标准出版社，2010.

[15] 曹剑峰，迟宝明，王文科，等. 专门水文地质学[M]. 3 版. 北京：科学出版社，2006.

[16] 姚天强，石振华，曹惠宾. 基坑降水手册[M]. 北京：中国建筑工业出版社，2006.

[17] 地球科学大辞典专家委员会. 地球科学大辞典：应用科学卷[M]. 北京：地质出版社，2005.

[18] 史维浚，孙占学. 应用水文地球化学[M]. 北京：中国原子能出版社，2005.

[19] 杨忠耀，王秉忱，潘乃礼. 环境水文地质学[M]. 北京：中国原子能出版社，1990.

[20] 中国地质调查局. 水文地质手册[M]. 2 版. 北京：地质出版社，2012.

[21] 中国地质科学院水文地质环境地质研究所，中国矿业大学（北京），中国煤炭地质总局水文地质局，
    等. 矿区水文地质工程地质勘探规范（GB 12719—2021）[S]. 北京：中国标准出版社，2021.

[22] 环境科学大辞典编委会. 环境科学大辞典[M]. 北京：中国环境科学出版社，2008.

[23] 袁道先. 岩溶学词典[M]. 北京：地质出版社，1988.

[24] 沈照理，朱宛华，钟佐燊. 水文地球化学基础[M]. 北京：地质出版社，1993.